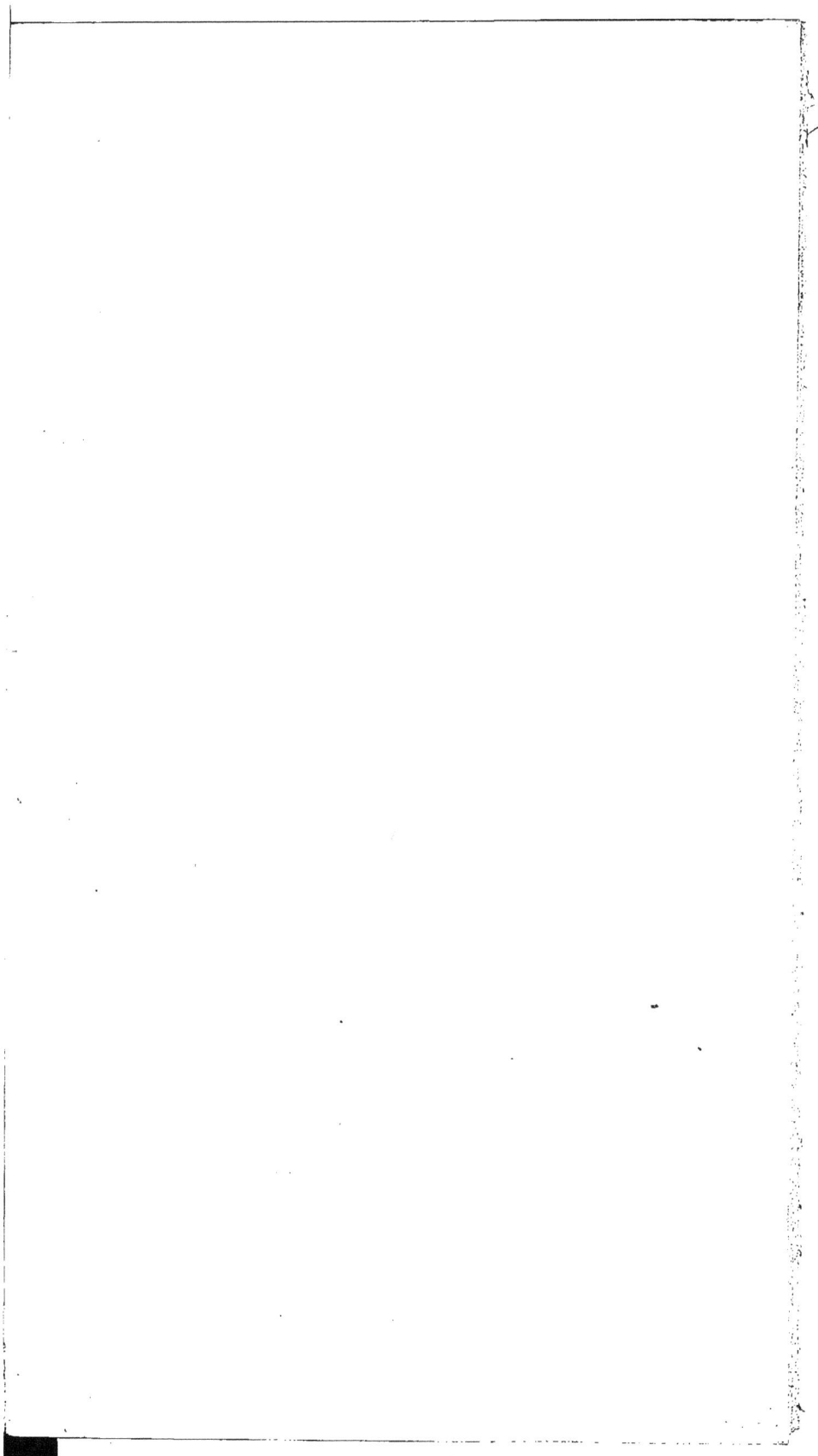

PIÈCES

DÉPOSÉES A L'HÔTEL DE LA PRÉFECTURE DU RHÔNE,

POUR SERVIR DE BASE

A

L'ENQUÊTE ADMINISTRATIVE

OUVERTE

SUR LE PROJET DE DÉRIVATION ET DE DISTRIBUTION

D'EAUX DE SOURCE

A LYON,

En exécution de l'Ordonnance royale du 18 Février 1834, relative aux Travaux Publics.

LYON.

IMPRIMERIE DE DUMOULIN, RONET ET SIBUET,

Quai St-Antoine, 33.

1842.

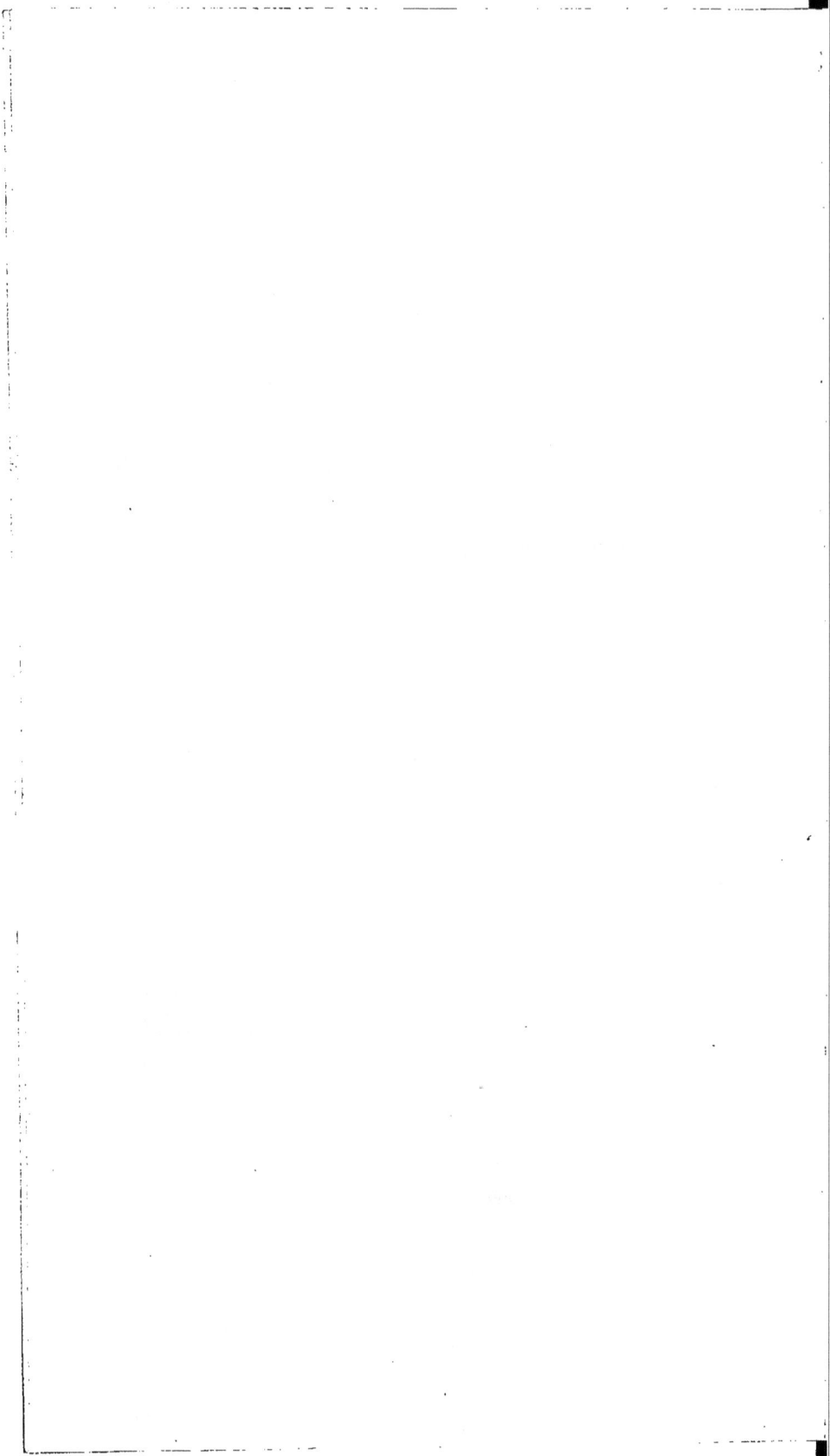

PROJET

DE

DÉRIVATION ET DE DISTRIBUTION

D'EAUX DE SOURCE

A LYON

Extrait de l'Ordonnance du Roi, contenant réglement d'administration publique pour les enquêtes qui doivent précéder les entreprises de travaux publics.

ARTICLE PREMIER.......

ART. 2. L'enquête pourra s'ouvrir sur un avant-projet où l'on fera connaître la tracé général de la ligne des travaux, les dispositions générales des ouvrages les plus importants et l'appréciation sommaire des dépenses.......

ART. 3. A l'avant-projet sera joint, dans tous les cas, un mémoire descriptif indiquant le but de l'entreprise et les avantages qu'on peut s'en promettre : on y annexera le tarif des droits dont le produit serait destiné à couvrir les frais des travaux projetés , si ces travaux devaient devenir la matière d'une concession.

ART. 4.......

ART. 5. Des registres destinés à recevoir les observations auxquelles pourra donner lieu l'entreprise projetée, seront ouverts pendant un mois au moins, et quatre mois au plus, au chef-lieu de chacun des départements et des arrondissements que la ligne des travaux devra traverser.

Les pièces qui, aux termes des articles 2 et 3, doivent servir de base à l'enquête, resteront déposées pendant le même temps et aux mêmes lieux.

La durée de l'ouverture des registres sera déterminée dans chaque cas particulier par l'administration supérieure (1).......

----

(1) Cette durée a été fixée à deux mois pour le projet de dérivation , c'est-à-dire du 28 décembre 1841 au 28 février 1842.

connue aux habitants de cette contrée, a constaté, dans un rapport adressé à M. le préfet le 24 octobre de la même année, que le produit quotidien des sources mesurées par lui de Roye à Neuville était alors en *minimum* de 8,226 mètres cubes, et que celui des sources jaugées au delà de Neuville jusqu'au ruisseau de Feytan était de 13,813 mètres cubes, formant un total de plus de 22,000 mètres cubes, conformément au tableau contenu dans le rapport qui est déposé à la préfecture.

Ce document officiel se termine par les lignes qui suivent :

« .... Toutes les autres sources peuvent
« être amenées au bassin de Roye, et delà con-
« duites à Lyon, dans des galeries souterraines,
« dont la pente peut être réglée à 20 centimè-
« tres au plus, par kilomètre.

« La distance de Roye au jardin botanique de
« Lyon est d'environ 6 kilomètres mesurés en
« ligne droite, et 9 kilomètres mesurés en sui-
« vant les contours du coteau qui borde la
« rivière.

« Le bassin du jardin botanique est à 31 mè-
« tres au dessus du niveau des basses eaux de
« la Saône.

« Il résulte de tout ce qui précède qu'il est
« possible et même facile d'amener à Lyon, à la
« hauteur du bassin du jardin des plantes, un
« volume de vingt deux millions de litres, par
« 24 heures, d'une eau de source de la limpi-
« dité la plus parfaite, qui conservera sa frai-

« cheur naturelle en été, et qui durant les hivers
« les plus rudes pourra courir en ruisseaux dans
« les rues, pendant un certain espace de temps,
« sans se geler. »

De son côté, la Commission créée pour apprécier
les propriétés physiques et chimiques de ces eaux,
après s'être livrée pendant un an entier aux examens,
aux analyses, aux travaux divers qu'exigeait sa mission spéciale, a déposé à son tour, entre les mains de
M. le préfet du Rhône, un rapport développé, se
terminant par des conclusions motivées, dont la dernière est celle-ci :

« Enfin, sous le rapport industriel comme
« sous le rapport hygiénique, ces eaux possè-
« dent toutes les qualités que réclament les usa-
« ges pour lesquels on les propose (1) ».

Il était évident dès lors, que le système de fourniture, consistant à dériver les sources dont l'abondance et l'excellence étaient officiellement reconnues,
offrait les garanties les plus désirables, pour le présent et pour l'avenir, aux habitants de Lyon, de même
qu'à la compagnie qui se chargerait de le réaliser.
En effet, en exécutant d'abord la dérivation des sources qui surgissent de Roye à Neuville, on satisfait aux
besoins actuels de la population lyonnaise ; et si, plus
tard, de nouveaux besoins sont créés par un accrois-

(1) Voyez le rapport lui-même, dont M. le préfet a autorisé la
publication, au mois de mai 1840, et que ce magistrat a certifié, le
16 juin 1840, conforme à l'original déposé dans les minutes de la
préfecture.

PIÈCES

SERVANT DE BASE

à

L'ENQUÊTE ADMINISTRATIVE

OUVERTE SUR LE PROJET

DE

DÉRIVATION ET DE DISTRIBUTION D'EAUX DE SOURCE

A LYON.

———◦◦◦◦◦———

PIÈCE N. 1.

OBSERVATIONS PRÉLIMINAIRES.

En 1838, les propriétaires du clos de Roye, situé sur la colline qui borde la rive gauche de la Saône, à 6 kilomètres de Lyon, dans lequel surgissent des sources pouvant fournir moyennement 15 à 20 litres par jour et par tête aux habitants de la ville, proposèrent de les dériver par une galerie souterraine, pour les faire servir comme eau potable à la population lyonnaise. Mais l'administration pensa que cette quantité était insuffisante pour un service général de distribution dans une ville susceptible d'accroissement, et indiqua celle de 6000 mètres cubes d'eau par 24 heures (40 litres par habitant), comme devant être fournie par la compagnie qui pourvoirait à ce service, dès son début.

Des propriétaires et usufruitiers d'autres sources abondantes, qui sourdent à quelques kilomètres plus loin, dans les mêmes circonstances géologiques que celles de Roye, s'entendirent alors avec les propriétaires de ces dernières, pour que le projet de dérivation comprît les unes et les autres, et pût ainsi répondre aux besoins actuels et futurs de l'agglomération lyonnaise. Avant de formuler une proposition à ce sujet, et pour lui donner tout le poids possible aux yeux des magistrats et des citoyens, ceux à qui l'initiative en fut laissée s'adressèrent à M. Rivet, préfet du département du Rhône, et lui demandèrent par écrit, le 9 août 1838, de vouloir bien faire officiellement reconnaître le volume et le niveau des sources susceptibles de la dérivation projetée, et de faire constater, officiellement aussi, leur composition chimique, ainsi que leurs qualités en fait d'hygiène et d'industrie. M. le préfet agréa cette demande, et, par deux arrêtés distincts, chargea des examens réclamés, d'une part M. l'ingénieur en chef des ponts et chaussées du département, d'une autre part une commission spéciale de sept savants, choisis dans diverses branches des sciences physiques et médicales.

M. l'ingénieur en chef, après une série de jaugeages opérés à la fin de l'été de 1838, au bout d'une période de six années de pénurie d'eaux pluviales infois sous d'étroits vallons, perpendiculaires au cours de la Saône. Dans le premier cas, qui sera le plus fréquent, elle sera à une profondeur qui .variera entre 5o et 6o mètres au-dessous de la surface du sol ; dans le deuxième cas, elle sera à une profondeur de 20 à 4o mètres ; et dans le troisième, elle passera à quelques mètres seulement au-dessous du lit des eaux sauvages de ces vallons.

Pour le percement souterrain et la construction de cette galerie, il sera établi, suivant la disposition des lieux, soit des galeries latérales, soit des puits verticaux, qui seront d'autant plus éloignés les uns des autres, que la ligne de la galerie de dérivation sera plus rapprochée du talus ou de la surface du plateau. Sous les points élevés les puits seront munis de gaînes d'aérage, et ils seront, les uns par rapport aux autres, à des distances dont les termes extrêmes, déterminés par des circonstances diverses, seront probablement 25o et 5oo mètres.

Au lieu de percer cette galerie en tunel, suivant une ligne à peu près directe, à une profondeur souvent rapprochée de 5o mètres, on pourrait, au moyen d'une simple tranchée, l'établir à 3 ou 4 mètres seulement de profondeur, sur le flanc de la colline qui domine la Saône depuis Neuville jusqu'à Lyon. Mais on y trouverait l'inconvénient d'allonger son parcours d'environ 6,000 mètres et de sillonner, sur beaucoup de points de cette colline, des jardins et des clos d'agrément, ce qui créerait sans doute de nombreuses oppositions et nécessiterait de fortes indemnités ; tandis que l'aquéduc-tunel se trouvant

Sa profondeur au-dessous de la surface du sol.

Travaux pour opérer son percement en tunel

Autre mode de dérivation.

partout sous des bois ou des champs éloignés des habitations, sauf à son entrée en ville, ne doit pas donner lieu à beaucoup d'oppositions ni à beaucoup d'indemnités, puisque son passage à 4o, 5o ou 6o mètres de profondeur, ne peut produire aucun dommage à la surface, pas même empêcher d'y bâtir. Il faut considérer, en outre, qu'un canal presque superficiel, sur le versant d'un plateau formé en général d'un terrain de conglomérat, sans roches stratifiées, serait exposé aux effets des éboulements qui, çà et là, échancrent les bords de ce plateau; et, qu'au contraire, le tunel à une notable profondeur sous terre sera consolidé, de siècle en siècle, par le lent effet de la combinaison de la chaux avec la silice des pierres employées à sa construction, et rendu indestructible par l'action du temps; ce qui est un mérite de premier ordre pour un monument destiné à une ville, c'est-à-dire, à un être qui ne meurt pas. Toutefois, dans le cas d'obstacles imprévus à l'exécution de l'aquéduc, suivant ce dernier mode, on aurait toujours la ressource de l'établir, avec toutes les précautions que la nature des lieux comporterait, à quelques mètres de profondeur sous terre, le long de la colline dont la Saône suit les contours.

Introduction des sources dans la galerie de dérivation.

La source de Lavosne, sur le territoire de Neuville, entrera dans l'aquéduc à sa naissance même; les autres sources y seront amenées par des canaux particuliers, qui les recueilleront aux lieux où elles surgissent, pour les préserver de toute souillure, et les conduiront souterrainement dans la galerie de dérivation.

sement notable de cette population , on pourra , en
prolongeant successivement de quelques kilomètres
la galerie de dérivation , y introduire les sources jaugées au delà de Neuville , dont le produit réuni à celui des premières peut donner 40 litres par tête et par
jour à 550,000 habitants. Assurément des eaux fraî-
ches et limpides , telles que celles dont il s'agit, sortant du sol à un niveau élevé , dans le voisinage d'une
grande ville , sont trop précieuses comme élément
d'alimentation humaine et de manipulations industrielles, pour que leurs propriétaires les fassent passer
perpétuellement sur les roues du petit nombre de
moulins , qui existent entre leurs sources et leur embouchure dans la Saône; en des lieux surtout où ,
par la navigation de cette rivière, il est si facile d'avoir
de la houille, et par là de la force motrice. Elles sont
donc très-vraisemblablement destinées à couler toutes
un jour dans Lyon. Mais le présent projet ne comprend que celles qui surgissent dans l'espace entre le
clos de Roye , commune de Fontaine , et le vallon des
Torrières , commune de Neuville.

Après le jaugeage et l'examen scientifique des sources, il restait à s'occuper des moyens matériels d'exécuter leur dérivation : c'est à quoi a été employé le
temps écoulé depuis lors. Aujourd'hui que toutes les
opérations préliminaires sont terminées, cette entreprise d'utilité publique est prête à être réalisée, immédiatement après les formalités administratives qui
doivent précéder sa mise à exécution.

AVANT-PROJET

INDIQUANT

LE TRACÉ GÉNÉRAL DE LA LIGNE DES TRAVAUX,
LES DISPOSITIONS PRINCIPALES DES OUVRAGES LES PLUS IMPORTANTS
ET L'APPRÉCIATION SOMMAIRE DES DÉPENSES

DE LA

DÉRIVATION ET DE LA DISTRIBUTION DES EAUX DE SOURCE

A LYON.

—•—

Point de départ de la galerie de dérivation.

L'eau des sources dérivées du versant occidental du plateau de la Dombe, sera conduite à Lyon par un aquéduc tout en galerie et constamment souterrain, partant du point d'émergence de la fontaine de Lavosne, territoire de Neuville, et arrivant à Lyon sous le sol de la place du Commerce (à environ 300 mètres au nord de l'Hôtel-de-Ville), où elle entrera, toujours souterrainement, dans des tuyaux établis sous la voie publique, pour être distribuée aux divers quartiers de la cité.

Son étendue.

Cette galerie de dérivation aura une étendue totale de 13,000 mètres, à très-peu près.

Son tracé.

Elle passera, en suivant une ligne presque directe, tantôt sous le plateau qui sépare la vallée de la Saône de celle du Rhône et finit en promontoire dans Lyon, tantôt sous le talus de ce plateau, et quelque-

plus grand soin, depuis trois ans, et a donné lieu, pour être précisée autant que possible, soit à des investigations de titres, soit à des explorations géologiques, soit à d'autres recherches nombreuses, et, enfin, à d'importantes stipulations. Les évaluations détaillées qui s'y rapportent ne proviennent donc point de simples conjectures, elles dérivent de faits constatés et d'engagements personnels, qui permettent de connaître, très-approximativement, le montant des dépenses à effectuer, si l'entreprise reçoit son exécution conformément aux dispositions déjà prises pour la préparer et la faciliter.

Il est une quatrième catégorie qui ne peut être évaluée, quant à présent, avec la même précision que les précédentes : c'est celle des indemnités à donner aux propriétaires des bois, des vignes et des terres arables, dont la galerie traversera le sous-sol, à une profondeur moyenne d'environ 5o mètres. Il est évident que si les indemnités allouées dans le cas dont il s'agit, sont proportionnées aux dommages causés, elles seront très-rapprochées de zéro. Toutefois, il faut porter en ligne de compte une dépense à ce sujet, dans laquelle se trouvera comprise celle de la location momentanée des terrains où des puits seront creusés.

En résumé, l'évaluation générale des dépenses de l'entreprise, suivant les chiffres particuliers de chaque catégorie, indiqués dans les pièces déposées à la préfecture, se monte à 6,200,000 francs.

MEMOIRE DESCRIPTIF

INDIQUANT

LE BUT ET LES AVANTAGES DE L'ENTREPRISE.

Le but de cette entreprise s'explique et se justifie par le seul énoncé de son titre ; il en est de même de ses avantages qui peuvent se passer d'explications , qui d'ailleurs ont été authentiquement démontrés par des travaux spéciaux d'hommes compétents au plus haut degré. Les indications à ce sujet n'ont donc pas besoin d'un grand développement ; elles seraient même ici tout-à-fait superflues, si elles ne se liaient , en quelques points , aux détails à donner sur les ressources et les produits qu'on est en droit d'attendre de l'entreprise, pour couvrir ses frais d'exécution.

Les fondateurs de la compagnie qui mettra en œuvre le remarquable projet dont il s'agit , après s'être constituée sous forme de *Société anonyme* (au nombre desquels sont les principaux usiniers, propriétaires ou usufruitiers des sources à dériver), ont la certitude qu'en faisant venir et distribuer à Lyon une eau tout-à-fait indépendante des vicissitudes des rivières, par conséquent restant pure quand les eaux de celles-ci sont viciées , ils répondent

Les dimensions intérieures de la galerie seront :
1 m. 5o c. de largeur, et 1 m. 85 c. de hauteur sous
clef. (Voyez le profil qui est joint au plan.) Ces di-
mensions suffisent à toutes les éventualités, relative-
ment aux quantités d'eau qu'on sera dans le cas d'y
faire passer un jour en *maximum ;* car, avec la pente
de o m. ooo,2o indiquée par M. l'ingénieur en chef
dans son rapport, si la masse liquide en écoulement
atteignait 1 mètre seulement en hauteur, elle fourni-
rait alors environ 60,000 m. cubes d'eau par 24 heures,
lesquels pourraient donner 6o litres par tête à un
million d'hommes.

Le niveau du point de départ de la galerie sera
établi en contre-bas de celui de la source de Lavosne,
pour que l'émergence de cette source importante
soit facilitée autant que possible, et de manière à ce
que le cours d'eau dérivé se trouve, en passant à
Roye, à la hauteur des principales sources dans la
colline, au-dessus du réservoir. Ce réservoir, où se
rendent les sources de plusieurs points nécessaire-
ment plus élevés, étant à. . . . . . . 34 m. 16 c.
au-dessus du plan d'étiage de la Saône à
Lyon, d'après les nivellements de M.
l'ingénieur, et une pente totale de. . . 1 m. 16 c.
étant plus que suffisante pour l'écoule-
ment de l'eau de Roye à Lyon, il en
résulte que le point d'arrivée de la ga-
lerie sous le sol de la place du Com-
merce, où commenceront les conduites
de distribution dans la ville, aura *au
moins* une élévation de. . . . . . . 33 m. oo c.

Dimensions in-
térieures de la
galerie.

Sa pente.

Son niveau.

qui permettra de faire remonter l'eau par l'effet naturel de son propre poids, jusque dans les plus hauts appartements des maisons de toute la presqu'île lyonnaise, de la rive droite de la Saône, et de la rive gauche du Rhône, soit pour les usages domestiques, soit dans les cas d'incendie. Quant à la quantité d'eau destinée à la portion de la population de Lyon et de la Croix-Rousse, logée dans les quartiers supérieurs à ce niveau, il sera fait emploi, pour l'y transporter, ou d'une pompe à feu de peu d'importance, ou d'une roue hydraulique qui pourrait avoir un très-grand diamètre, et sur laquelle tomberait un certain volume de l'eau dérivée, qui, après cet usage, serait distribué seulement aux habitants des rez-de-chaussée, ou consacré à un service public spécial.

APPRÉCIATION SOMMAIRE DES DÉPENSES.

Le montant des dépenses à faire pour réaliser l'entreprise de la dérivation et de la distribution, à Lyon, des eaux du versant occidental du plateau de la Dombe, se compose, en presque totalité, de trois grandes catégories : 1° l'acquisition des sources et de tous les droits qui s'y rattachent ; 2° le percement et la construction de la galerie par laquelle elles seront dérivées ; 3° l'achat et le placement des tuyaux au moyen desquels elles seront distribuées dans les divers quartiers de la cité.

Chacune de ces catégories a été étudiée avec le

à un vœu général de la population, et, en particulier, à un intérêt majeur de certaines professions, lié à la prospérité manufacturière de la ville. Ainsi, ils sont assurés par le résultat des essais auxquels l'eau des sources de Roye et de Neuville a été soumise par d'habiles praticiens appartenant à l'industrie de la teinture des soies, que cette industrie en prendra immédiatement une quantité considérable , par voie d'abonnements, comme elle l'avait fait pressentir d'ailleurs dans une pétition adressée à M. le préfet du Rhône, le 20 juillet 1838. Il faut ajouter à cette assurance celle, non moins positive, qui résulte pour eux d'une délibération prise à l'unanimité par la Société de médecine de Lyon , le 29 juin 1840 , par laquelle cette Société a reconnu la supériorité hygiénique de l'eau de ces sources sur toutes celles que la population de Lyon peut faire servir à son usage (1).

Confiants dans ces indices de succès, et comptant sur la protection éclairée de l'autorité, qui ne peut faire défaut à cette grande et utile entreprise, ils ont résolu de demander aux pouvoirs compétents les décisions administratives nécessaires : 1° pour dériver par un aquéduc souterrain les sources officiellement jaugées de Roye à Neuville, en tant que de besoin, après avoir dûment indemnisé tous ceux à qui cette dérivation pourrait être préjudiciable ; 2° pour

---

(1) Voyez le texte de cette délibération, à la suite du rapport d'une commission spéciale élue par la Société de médecine , rapport dont la Société a voté l'impression.

placer sous la voie publique, dans les diverses parties de l'agglomération lyonnaise, des tuyaux destinés à distribuer l'eau de ces sources aux particuliers à qui elle pourrait convenir, *suivant des prix dont le maximum ne dépasserait pas un tarif précédemment adopté par le conseil municipal de Lyon* (1), en offrant d'en fournir à la ville, si elle en voulait pour un service public, la quantité qu'elle désirerait, *au prix qu'elle paie actuellement pour de l'eau de rivière non rafraîchie et non clarifiée* (2), sans que cette dernière fourniture fût une condition de rigueur.

Au moment de réaliser leur intention, ils ont dû en faire part au chef de la municipalité lyonnaise, et ils ont été par là dans le cas de connaître les vues de ce magistrat, dont l'opinion exposée ci-dessous a nécessairement, dans l'état actuel des choses, une grande importance.

M. le maire de Lyon, après avoir examiné et comparé, avec une attention soutenue, depuis son entrée en fonctions, tous les systèmes de fourniture d'eau praticables dans la ville qu'il administre, a reconnu qu'aucun d'eux n'offre à ses habitants autant de garanties, sous le rapport de la permanence des bonnes qualités de l'eau, et sous celui de la durée du service, que le mode qui consiste en une galerie souterraine, mise à l'abri des intempéries par sa profondeur, et destinée, grace à la pétrification

(1) Voyez plus loin page 22.
(2) Idem.

inévitable de sa maçonnerie par la suite des siècles,
à faire couler à perpétuité dans Lyon, par le simple
effet de la pente, un volume considérable d'une eau
toujours également fraîche, limpide et homogène.
Ce magistrat était donc, par le résultat de ses recherches et de ses études sur la question des eaux,
naturellement porté à bien accueillir le projet de
dérivation, qui lui a été exposé dans ses détails par
le représentant des fondateurs de la Conpagnie des
eaux de source. Dans la série de conférences qui s'en
est suivie, M. le maire a posé les principes suivants
comme fruit de ses réflexions.

« L'opération ayant pour but et devant
avoir pour effet de réaliser à Lyon une distribution générale d'une eau parfaitement bonne,
sous le double rapport hygiénique et industriel,
n'est pas une opération ordinaire, à laquelle la
ville puisse rester indifférente. Si la dérivation
des sources, considérée comme entreprise,
allait être ruineuse pour ceux qui l'auraient
exécutée, il serait peu convenable et même
peu moral que les Lyonnais, sans s'en émouvoir,
profitassent d'une amélioration, relative à leur
nourriture et à leur santé, qu'ils n'auraient
obtenue qu'aux dépens de la fortune de quelques-uns de leurs concitoyens. Si, au contraire,
ce qui paraît plus probable, l'entreprise donne
des résultats avantageux, la ville doit pouvoir en
retirer elle-même quelques avantages, puisqu'elle fournit le champ d'exploitation. Or, ce

qu'elle doit principalement tâcher d'obtenir,
c'est la certitude de devenir, au bout d'une
certaine période de temps, propriétaire absolue
des sources et de toutes les valeurs immobilières
ou mobilières se rapportant à leur dérivation et
à leur distribution, de telle sorte que le nouvel
élément introduit dans la cité, par des travaux
exécutés en 1842 et 1843, lui soit acquis pour
toujours. »

En conséquence de cette manière de voir, M. le
maire a l'intention de concourir au succès du projet
de dérivation d'eaux de source par tous les moyens
dont l'autorité municipale dispose, d'abord afin
d'assurer sa prompte mise en œuvre dans l'intérêt
général des habitants qui attendent depuis si long-
temps de la bonne eau potable, en second lieu afin
de pouvoir, en retour des permissions de voirie ou
de toute autre facilité qu'elle sera dans le cas d'accorder ou d'offrir dans la limite de ses attributions,
stipuler par réciprocité des conditions profitables à
la ville, soit dans le présent soit dans l'avenir. Mais,
avant de s'arrêter à aucune combinaison, ce magistrat a besoin de savoir, par l'enquête préalable que la
loi prescrit en fait de grandes entreprises de ce
genre, si le projet dont il s'agit n'est pas de nature
à rencontrer des difficultés que dans ce moment
on ne prévoit pas.

De leur côté, ceux qui, après trois années d'études
et de travaux préliminaires, sont résolus à l'exécuter,
ont besoin que l'enquête mette l'autorité supérieure

dans le cas d'en reconnaître officiellement l'utilité
publique, afin que rien ne fasse obstacle à l'œuvre
monumentale qu'ils ont conçue et préparée; et que,
sans plus de retard, ils puissent réaliser, sur une
échelle proportionnée aux besoins de la population
lyonnaise, une entreprise qui, sans réclamer de monopole ou de privilége d'aucun genre, introduirait
dans Lyon un nouveau moyen de bien-être domestique et de prospérité industrielle, et qui aurait
ainsi pour résultat d'y créer un agrément et une
richesse de plus.

NOTES

RELATIVES AUX PRIX DES FOURNITURES D'EAU,

dont le produit est destiné à couvrir les frais de l'entreprise

———◆———

(1) Le tarif précédemment adopté par le conseil municipal de Lyon, en vue d'une fourniture d'eau qui n'a pas eu
lieu, fixait les prix suivants pour l'eau distribuée à domicile :

20 litres par jour	0 f.	02 c.	soit par an	7 f.	30 c.
50 »	»	0	04	»	14	60
1 hectolitre »		0	07	»	25	55
Chaque hect. en sus du premier	05			»	18	25

Ce tarif est indiqué ici comme *maximum*. En l'admettant
comme tel, la Compagnie des eaux de source ne s'interdit
pas de faire des fournitures à des prix bien inférieurs, suivant les quartiers, suivant les logements, et suivant les
circonstances. L'intelligence de ses intérêts le lui prescrirait,
lors même qu'un sentiment de sympathie, à l'égard des
classes industrielles et pauvres, ne l'y porterait pas [*].

———————

(2) La ville de Lyon, par suite d'une adjudication faite en
1832, d'une fourniture publique dans l'intérêt des nouveaux
quartiers du nord, qui étaient entièrement privés d'eau,
paie en ce moment pour de l'eau de rivière, variable dans
sa composition, tiède en été, presque glacée en hiver, et à

peu près constamment trouble, 340 fr. par an le module
(demi pouce fontainier), c'est-à-dire, environ 1 centime
par jour l'hectolitre.

Ce prix est également admis comme *maximum* par la
Compagnie des eaux de source, qui fournirait à ce taux ou
au-dessous, et en quantités conformes au désir de la ville,
pour emploi du même genre, de l'eau invariable dans sa
composition, dans sa température et dans sa limpidité.

---

[*] Dans une grande ville où il n'y a pas d'autre moyen de
distribution de l'eau que des fontaines publiques, si l'on
admet qu'un hectolitre par jour soit la quantité nécessaire
pour divers usages domestiques à un ménage de quatre personnes, ce qui fait 25 litres par tête (les habitants des grandes villes d'Angleterre en consomment généralement le
double), on voit qu'il faut qu'une personne valide, parmi
les quatre qui composent le ménage, quitte son travail ha-
bituel et fasse quatre fois le trajet du domicile à la fontaine,
en portant chaque fois, au retour, 25 litres d'eau pesant,
avec les vases, 30 à 35 kilogrammes. Quel que soit le *minimum* du nombre moyen de minutes employées à chaque
voyage, si on les additionne par jour et puis par année, on
reconnaît que, abstraction faite des dangers auxquels est
exposée la santé, quelquefois même la moralité de celui
ou de celle qui va faire une station, plus ou moins longue,
dans la rue, auprès d'une fontaine, un ménage éprouve à
ce sujet une perte de temps dont l'importance pécuniaire
est bien supérieure à l'annuité de 25 f. 55 c.; car, si la personne valide chargée de pourvoir d'eau le ménage n'avait
pas quitté son métier ou son occupation ordinaire, pour
aller hors du logis prendre une peine stérile, elle eût, par
un travail productif, augmenté les fruits du labeur commun
et par là contribué à accroître l'aisance domestique.

Le raisonnement ou l'exemple qui précède, s'applique
surtout à Lyon où le temps a une si grande valeur, puisque
tout le monde, à très-peu d'exceptions près, y est occupé.

Il est vrai qu'on peut dire que les artisans et les ouvriers se passent de l'eau qui ne leur est pas strictement nécessaire, plutôt que d'employer tant de temps à en aller chercher aux fontaines. Mais c'est là justement ce qu'il y a de déplorable, c'est ce qui constitue leurs personnes et leurs domiciles en état de malpropreté, dont les suites leur sont bien plus préjudiciables que ne pourrait l'être le faible déboursé qu'ils auraient à faire pour recevoir, sans sortir des maisons qu'ils habitent, toute l'eau dont ils auraient besoin, d'après le tarif indiqué précédemment, lors même que le *maximum* leur serait appliqué, ce qui certainement n'aurait pas lieu.

PIÈCE N° 2.

Lyon le 4 septembre 1841.

MONSIEUR LE PRÉFET,

J'ai eu l'honneur de vous entretenir du projet qui consiste à amener souterrainement à Lyon, par l'effet naturel de la pente, une partie des sources que M. votre prédécesseur a bien voulu, sur la demande qui lui en a été adressée, le 9 août 1838, faire mesurer par M. l'ingénieur en chef du département, et faire examiner par une commission composée de savants, pris dans diverses branches des sciences physiques, chimiques et médicales.

Depuis que ces travaux sont terminés, et que leurs résultats sont consignés dans deux rapports officiels, déposés entre vos mains, et entièrement favorables au projet dont il s'agit, d'autres travaux destinés à en préparer l'exécution ont été entrepris à leur tour. Ils sont aussi terminés. Les détails que j'ai eu l'honneur de vous soumettre, il y a quelques jours, avaient pour but de vous en donner connaissance, ainsi que des relations que j'ai dû établir avec M. le maire de Lyon, comme représentant des personnes qui, à divers titres, concourront à fonder cette entreprise d'utilité publique, remarquable à la fois par la grandeur, la simplicité et la durée du service de distribution d'eau qu'elle doit créer.

Je m'empresserai, M. le préfet, de mettre sous vos yeux, si vous le jugez nécessaire ou quand vous le croirez nécessaire, les engagements des propriétaires des fonds sur lesquels surgissent les sources qu'il est question de dériver, et de leur principaux usufruitiers, en même temps qu'un engagement d'un entrepreneur capable et solvable, qui se chargera de la construction de l'acquéduc souterrain à forfait, à ses risques et périls, avec cautionnement et garantie, et de plus, dans un temps limité. Ces engagements, dont je suis porteur, m'autorisent à répéter ce que j'ai déjà eu l'occasion de vous faire remarquer, M. le préfet, savoir que ce projet, après avoir subi toutes les épreuves indispensables relativement à la qualité de l'eau, a passé par tous les préparatifs nécessaires pour sa mise en œuvre, et que sa réalisation immédiate dépend maintenant des formalités administratives qu'il doit suivre.

Cette réalisation s'effectuera très-probablement d'une manière conforme aux vues de M. le maire de Lyon, indiquées dans un passage du mémoire ci-joint, faisant suite à l'avant-projet, surtout si elles sont partagées par vous, M. le préfet ; et elle pourra, dans ce cas, assurer à la ville d'importants avantages pour l'avenir, indépendamment des avantages hygiéniques et industriels dont les habitants jouiront tout de suite. En prévision de cette circonstance, ce magistrat vous adressera, j'ai lieu de le croire, une demande analogue à celle qui fait le but de cette lettre, pour faire ouvrir une enquête sur le projet dont il est question. Dans la même prévision, et pour que le chef de l'antique métropole lyonnaise ait, aux yeux de la population, comme cela paraît convenable, l'initiative et le mérite de l'introduction dans la cité d'une amélioration publique de premier ordre, le mémoire ci-joint ne fait mention nominativement que de Lyon, sans parler de ses anciens faubourgs, devenus des villes importantes. Mais je crois nécessaire de vous déclarer, dès à présent, M. le préfet, que *Lyon* doit être entendu pour *l'ensemble des quatre communes agrégées* formant la grande cité dont vous êtes le magistrat suprême, et que le projet de distribution des eaux de source comprend les diverses parties de cette cité, quel que soit le nom qu'elles portent.

En effet, la galerie de dérivation ayant des dimensions intérieures qui répondent à toutes les éventualités possibles, sous le rapport du volume d'eau; et le produit des sources jaugées étant bien au dessus des besoins actuels de toute l'agglomération lyonnaise, il est certain qu'on n'hésitera pas à en dériver une quantité suffisante pour satisfaire à toutes les demandes, et qu'on ne se privera pas sans motif d'une partie de la consommation qui peut et doit avoir lieu. Assurément, rien ne saurait faire supposer que l'autorité municipale de Lyon (proprement dit) veuille, pour quelque cause que ce soit, mettre la moindre entrave à la distribution des eaux de source dans les communes suburbaines. En tout cas, cette distribution est dans la pensée des fondateurs de la société, dont je suis en ce moment l'organe, et au nom de qui j'ai l'honneur de vous adresser, M. le préfet, le plan topographique sur lequel est figuré le tracé de la galerie de dérivation, avec le profil de cette galerie, l'avant-projet et le mémoire descritif ci-joints, afin que vous vouliez bien ordonner les mesures nécessaires pour faire ouvrir une enquête sur le projet consistant à faire venir à Lyon, par une galerie souterraine, pour les besoins hygiéniques et industriels de la population lyonnaise, des sources officiellement jaugées, en 1838, par M. l'ingénieur en chef du département, sur le territoire compris entre le clos de Roye, commune de Fontaine, et le vallon des Torrières, commune de Neuville-sur-Saône.

Veuillez agréer, M. le préfet, l'hommage respectueux des sentiments de haute considération, avec lesquels j'ai l'honneur d'être votre très-humble serviteur.

Signé : BONAND.

Quai St-Clair, n. 2.

PIÈCE N° 3.

Département du Rhône.— Mairie de la ville de Lyon.
Secrétariat. N. 1348.

Lyon, 6 septembre 1841.

MONSIEUR LE PRÉFET,

J'ai reçu communication d'un mémoire qui vous a été remis pour accompagner, suivant les prescriptions de l'ordonnance du 18 février 1834, les pièces relatives au projet consistant à dériver, par une galerie souterraine, et à distribuer dans Lyon des sources qui surgissent de Roye à Neuville, et que M. l'ingénieur en chef du département a jaugées en 1838, par suite d'un arrêté de M. le préfet du Rhône, votre prédécesseur. Ce mémoire contient le passage suivant.

« M. le maire de Lyon, après avoir examiné et
« comparé avec une attention soutenue, depuis son
« entrée en fonctions, tous les systèmes de fourniture
« d'eau praticables dans la ville qu'il administre, a
« reconnu qu'aucun d'eux n'offre à ses habitants au-
« tant de garantie, sous le rapport de la permanence
« des bonnes qualités de l'eau et sous celui de la du-
« rée du service, que le mode qui consiste en une
« galerie souterraine, mise à l'abri des intempéries
« par sa profondeur, et destinée, grâce à la pétrifi-
« cation inévitable de sa maçonnerie par la suite des
« siècles, à faire couler à perpétuité dans Lyon, par
« le simple effet de la pente, un volume considérable

« d'nne eau toujours également fraîche , limpide et
« homogène. Ce magistrat étaΐΐ donc , par le résultat
« de ses recherches et de ses études sur la question
« des eaux, naturellement porté à bien accueillir
« le projet de dérivation , qui lui a été exposé dans
« ses détails par le représentant des fondateurs de
« la Compagnie des eaux de source. Dans la série
« de conférences, qui s'en est suivie , M. le maire a
« posé les principes suivants , comme fruit de ses
« réflexions :

    « L'opération ayant pour but et devant avoir
« pour effet de réaliser à Lyon une distribution
« générale d'une eau parfaitement bonne, sous
« le double rapport hygiénique et industriel,
« n'est pas une opération ordinaire, à laquelle
« la ville puisse rester indifférente. Si la dériva-
« tion des sources, considérée comme entre-
« prise, allait être ruineuse pour ceux qui l'au-
« raient exécutée, il serait peu convenable et
« même peu moral que les Lyonnais, sans s'en
« émouvoir, profitassent d'une amélioration re-
« lative à leur nourriture et à leur santé , qu'ils
« n'auraient obtenue qu'aux dépens de la for-
« tune de quelques-uns de leurs concitoyens. Si,
« au contraire, ce qui paraît plus probable ,
« l'entreprise donne des résultats avantageux ,
« la ville doit pouvoir en retirer elle-même quel-
« ques avantages, puisqu'elle fournit le champ
« d'exploitation. Or, ce qu'elle doit principale-
« ment tâcher d'obtenir, c'est la certitude de

« devenir, au bout d'une certaine période de
« temps, propriétaire absolue des sources et de
« toutes les valeurs immobilières ou mobilières
« se rapportant à leur dérivation et à leur distri-
« bution ; de telle sorte que le nouvel élément
« introduit dans la cité par des travaux éxécu-
« tés en 1842-43 lui soit acquis pour tojours.

« En conséquence, de cette manière de voir, M.
« le maire a l'intention de concourir au succès du
« projet de dérivation d'eaux de source par tous les
« moyens dont l'autorité municipale dispose, d'abord
« afin d'assurer sa prompte mise en œuvre dans
« l'intérêt général. des habitants qui attendent de-
« puis si long-temps de la bonne eau potable, en
« second lieu afin de pouvoir, en retour des permis-
« sions de voirie ou de toute autre facilité qu'elle sera
« dans le cas d'accorder ou d'offrir dans la limite de
« ses attributions, stipuler par réciprocité des con-
« ditions profitables à la ville, soit dans le présent, soit
« dans l'avénir. Mais, avant de s'arrêter à aucune
« combinaison, ce magistrat a besoin de savoir, par
« l'enquête préalable que la loi prescrit en fait de
« grandes entreprises de ce genre, si le projet dont il
« s'agit n'est pas de nature à rencontrer des difficul-
« tés que dans ce moment on ne prévoit pas. »

Je confirme volontiers ce qui précède. Et j'ajoute
que dans mon desir de faire jouir bientôt mes concitoyens d'une abondante distribution d'une eau d'ex-
cellente qualité, qui doit, je l'éspère du moins, donner un nouvel aspect à notre ville par de nouvelles

habitudes de propreté, et exercer la plus salutaire influence sur la santé de ses habitants, je verrai avec beaucoup de plaisir tout ce qui pourra accélérer la marche administrative que ce projet doit nécessairement suivre. En effet, je m'estimerais heureux, si, avec votre concours, M. le préfet, je pouvais inaugurer le service général que j'ai en vue pour la distribution de l'eau, non seulement dans tous les quartiers, mais même dans toutes les maisons de la ville, pendant la durée des fonctions auxquelles le Roi a bien voulu m'appeler.

Veuillez agréer, M. le préfet, l'assurance de ma plus haute considération.

Le maire de la ville de Lyon.

Signé : TERME.

PIÈCE N. 4.

❦

DES SOURCES,

COURS D'EAU ET USINES

DU TERRITOIRE DE NEUVILLE ET DE CELUI DE FONTAINE,

CONSIDÉRÉS

DANS LEUR RAPPORT AVEC LE PROJET DE DÉRIVATION.

❦

Notice rédigée à la demande de M. le Préfet du Rhône, et déposée entre les mains de ce Magistrat
le 30 Septembre 1841.

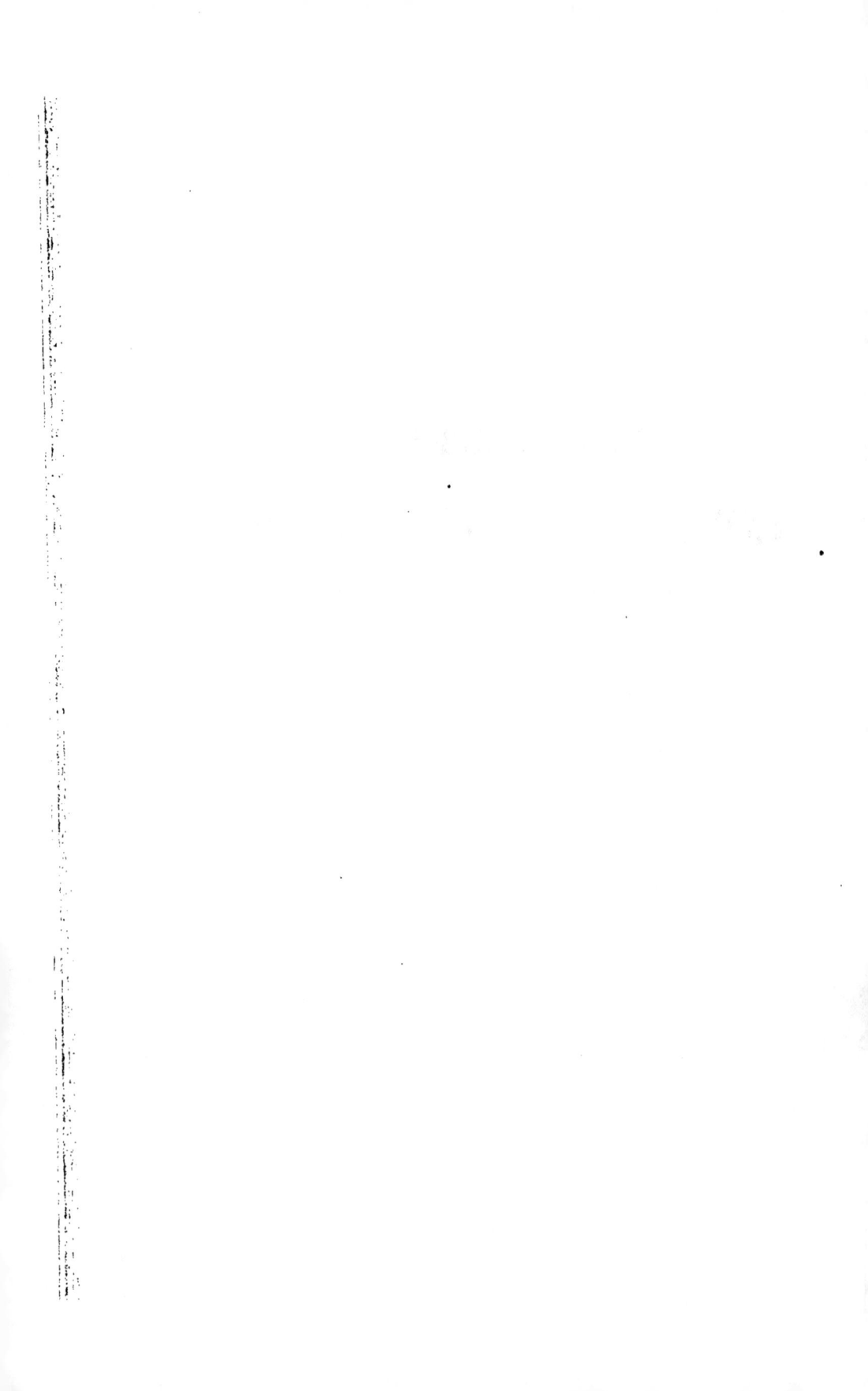

NOTE SOMMAIRE

SUR

LES SOURCES DES TERRITOIRES

DE NEUVILLE ET DE FONTAINE,

DONT LA DÉRIVATION EST PROJETÉE,

ET SUR LES

DROITS DE CEUX QUI LES POSSÈDENT.

———⸰———

Les cours d'eau formés par les sources du versant occidental du plateau de la Dombe, qu'il s'agit de dériver à Lyon, ne ressemblent pas aux ruisseaux ordinaires ; ils ont une manière d'être qui leur est propre, et qui tient à la conformation et à la constitution du sol d'où ils tirent leur origine.

Le plateau qui commence au pied des contreforts du Jura et des montagnes du Bugey, qui se continue entre le Rhône et la Saône, et se termine en forme de delta par le promontoire de la Croix-Rousse, a dans sa partie méridionale une hauteur presque uni-

Origine et formation des sources dont la dérivation est projetée.

forme, ou, en d'autres termes, une superficie presque
horizontale. Il s'ensuit que les eaux pluviales ne
coulent pas rapidement sur sa surface, comme elles
le font, par exemple, sur les groupes de collines
plus ou moins inclinées qui séparent la vallée de la
Saône du bassin de la Loire, contrée montagneuse
où des ruisseaux comme l'Ardière, l'Iseron, le Garon,
etc., ressemblent à des rivières dans la saison plu-
vieuse, et sont au contraire presque toujours à sec
à la suite des sécheresses estivales.

Sur l'espace particulier qui forme un triangle,
dont les trois pointes sont Lyon, Trévoux et Montluel, l'eau de pluie ne trouvant pas, en tombant, de
surface fortement déclive, s'introduit facilement dans
le sol, surtout là où il est rendu meuble par la culture, et y pénètre profondément au travers des terrains tertiaires, composés d'alluvions antérieures à
notre âge géologique, dans lesquels les grands courants diluviens ont creusé les vallées du Rhône et de
la Saône, qui se trouvent maintenant à 100 mètres
environ au-dessous du plateau qui les domine. Ces
terrains, où abondent le sable et le gravier, laissent
les eaux pluviales s'infiltrer lentement et traverser,
par l'effet de leur pesanteur, des couches très-épaisses,
jusqu'à ce qu'elles rencontrent, à des profondeurs
et sur des espaces très-variables, soit de l'argile
compacte, soit des roches sédimentaires conglomérées,
qui les arrêtent et forment çà et là des régions plus
ou moins aquifères, d'où les eaux s'échappent,
par les fissures qu'elles trouvent, dans diverses
directions.

Il résulte de ces dispositions que, sur ce plateau, on est sûr d'avoir de l'eau (plus ou moins abondamment) en quelque endroit que l'on creuse un puits, sauf peut-être un petit nombre de points qui sont en anomalie avec le reste, et qui n'infirment pas la règle.

Mais, comme l'eau de pluie tombe toutes les années en volume dont la moyenne décennale est à peu près régulière, et que ce qui est extrait de l'intérieur du plateau, par les puits qui servent aux habitations, dans les villages et hameaux établis sur le plateau même, est tout-à-fait insignifiant, comparé aux masses liquides que des lois immuables font incessamment pénétrer dans son sein; il faut bien que ces eaux trouvent le moyen d'abandonner les lieux souterrains où elles sont parvenues par un lent travail d'infiltration. Sans doute des quantités très-considérables de ces eaux descendent dans la terre à des profondeurs ignorées, jusqu'à ce qu'elles rencontrent les roches primordiales, sur lesquelles elles coulent, pour ressortir par voie de syphon, dans le lit des rivières, ou au-delà, et même en des lieux bien éloignés du plateau de la Bresse et de la Dombe. Mais, dans toutes les parties de ce plateau qui sont rapprochées de ses deux versants, quand les eaux infiltrées ont rencontré une couche d'argile, ou tout autre assise qui les empêche de descendre plus bas, si elles prennent une direction qui les amène sur quelques points perméables de la colline par laquelle se termine le plateau, elles s'échappent du sol par ces issues, et elles forment des sources, différentes par leur volume, mais semblables par leur nature.

Ainsi surgissent les sources du versant oriental, à Vassieux, Neyron, St-Maurice de Beynost et surtout à Montluel; ainsi, sur le versant occidental, s'écoulent, d'abord à l'extrémité du delta, de simples filets, qu'on trouve plus forts en s'éloignant de l'enceinte de Lyon, et qui s'augmentent successivement à Cuire et au Vernay; ensuite les belles sources de Roye et de Fontaine; puis celles si nombreuses et si abondantes du territoire de Neuville, au bas du coteau de Montanay; enfin, au delà, les sources de Massieux, de Reyrieux, de Toussieux et de Misérieux.

Motifs tirés de la constitution du plateau pour ne pas redouter le détournement des sources de la colline qui borde la Saô- ne, à la suite du percement de la galerie de déri- vation.

Ces circonstances bien connues et bien appréciées, notamment l'irrégularité des assises du terrain de conglomérat, c'est-à-dire l'enchevêtrement réciproque, à diverses hauteurs, des couches sablonneuses, argileuses et cailllouteuses (1), qui ne permet pas d'admettre, pour les eaux intérieures du plateau, un niveau déterminé, une espèce de nappe horizontale, sont de nature à tranquilliser les propriétaires de sources le long de la rive gauche de la Saône, et à les empêcher d'en redouter le détournement par suite du percement de la galerie, qui doit conduire à Lyon les sources dont la dérivation est projetée.

(1) Ces couches sont de plus entremêlées, çà et là et sans règle, de masses, plus ou moins étendues, de poudingue, sorte de beton naturel formé de galets agglutinés par un ciment calcaire. On peut se convaincre du défaut d'ordre et de stratification qui existe dans ces terrains partout où le sol a subi de fortes tranchées, par exemple, aux balmes du faubourg de Bresse, à la colline de la Tour de la belle Allemande, au chemin des Etroits, etc.

En effet , cette galerie ne sera rapprochée de
la colline de la Saône que vers le clos de Roye
seulement ; sur le reste de son parcours elle en
sera éloignée d'un ou deux kilomètres et même
davantage. A coup sûr, un puits qui n'en serait
distant que de quelques mètres pourrait souffrir
plus ou moins des travaux du percement ; c'est un
fait qu'il faut prévoir, bien qu'il ne puisse avoir
lieu que sur un très-petit nombre de points, le tracé
de la galerie ne traversant ni village, ni hameau,
jusqu'à son arrivée à Lyon; c'est d'ailleurs un dommage qui se règle par une indemnité. Mais au delà
d'une certaine distance, peu considérable, il n'y a
plus de craintes à concevoir. Beaucoup d'exemples
l'attestent : le clos de Roye a des galeries qui amènent
ses principales sources dans le grand réservoir, et qui
ont une dimension à peu près conforme à celle de
la galerie projetée, ce qui n'empêche pas que d'autres sources ne surgissent de tous côtés et à presque
toutes les hauteurs dans ce clos. Le mamelon de
Fourvière, dont le terrain est de formation contem-
poraine et semblable à celle du promontoire de la
Bresse, a des galeries généralement très-spacieuses
qui le percent dans tous les sens; et néanmoins les
puits de cette localité donnent tous de l'eau en plus
ou moins grande quantité; d'où il résulte que si le
creusement de tant de galeries n'a pas dépourvu
d'eau le mamelon de Fourvière, à plus forte raison
celui d'une seule galerie n'asséchera pas tout un plateau de plus de 20 kilomètres carrés de superficie.

Circonstances géologiques qui déterminent les qualités spéciales des sources.

Les mêmes circonstances géologiques, qui viennent d'être indiquées, expliquent ce qu'il y a de spécialement remarquable dans les sources formant les cours d'eau qu'il est question de dériver. Ainsi, la conformation du plateau, à surface presque horizontale, explique leur abondance et leur permanence ; la nature du sol, où les couches de sable et de gravier se trouvent à tous les étages, explique leur pureté et leur extrême transparence; la profondeur des régions souterraines d'où ces sources tirent leur origine explique leur égalité de température et leur constance de composition, l'une et l'autre hors de l'influence passagère des phénomènes météorologiques d'un jour, d'un mois, ou même d'une saison (1); enfin, la position de leurs points d'émergence sur le versant du plateau, dont la Saône baigne le pied, explique le court trajet qu'elles ont à faire avant de se jeter dans cette rivière (celles de Roye, 35o m.; de Lavosne, 1,5oo ; de Ronzier, 1,9oo ; et de Fontaine, 3,3oo).

(1) Des remarques réitérées ont donné lieu de penser que la durée du trajet, par voie d'infiltration, de l'eau qui, après être tombée sous forme de pluie à la surface du plateau, sort en source vers le milieu de son versant, est ordinairement de 8 à 10 mois. En effet, on a observé quelquefois dans l'été, après de fortes chaleurs et une longue sécheresse, un léger accroissement du volume des sources de Roye, circonstance qui a été mentionnée par M. Thiaffait dans son Mémoire, et que quelques esprits, peut-être un peu trop amis du merveilleux, ont voulu rattacher à la fonte des neiges des Alpes, avec lesquelles ces sources seraient en relation souterraine. Il est plus naturel de penser que cette circonstance, quand elle se présente, répond à un surcroît considérable d'eaux pluviales tombées dans l'automne précédent, c'est-à-dire, 8 à 10 mois auparavant.

Ainsi, comme on le voit, et comme cela a été dit en commençant, ces cours d'eau ne ressemblent pas aux ruisseaux ordinaires, formés et successivement grossis, sur un long parcours, par les suintements de leurs berges et une multitude de filets d'eau provenant, pour la plupart, de pluies antérieures de quelque temps; ruisseaux traversant de grandes étendues, un quart ou la moitié d'un département, en un lit naturellement creusé par eux-mêmes à l'aide du temps; ruisseaux appartenant à tout le monde, puisqu'ils ne sont particulièrement à personne. Il n'y a aucune conformité, ni en fait ni en droit, entre ces ruisseaux d'eaux sauvages, coulant dans un lit banal, et une source surgissant dans une propriété particulière, recueillie à son point d'émergence et introduite dans un canal fait de main d'homme , pour servir à des usages spéciaux, telles que sont celles dont la dérivation est projetée. Voudrait-on exciper de ce que ces sources , au sortir du sol, sont en état de faire mouvoir des usines? Mais, quand le législateur a dit : *Celui qui a une source dans son fonds peut en user à sa volonté*, il n'a pas ordonné d'en faire le jaugeage , et il n'a pas établi des catégories entre les sources de divers volumes. Il a ajouté seulement : *sauf le droit que le propriétaire du fonds inférieur pourrait avoir acquis par titre ou par prescription.* (Code civil, art. 641).

Il est donc parfaitement évident que, si le propriétaire du fonds où naît la source de Lavosne à Neuville, et celui du clos où sont les sources de Roye (de même que ceux qui sont dans une position identique), n'ont pas de voisins inférieurs qui aient

Différence entre les ruisseaux ordinaires et les cours d'eau formés par les sources qu'il est question de dériver.

Droits divers, relatifs à la propriété et à la jouissance de ces sources.

acquis des droits sur ces sources, ou bien si les voisins ayant des droits s'unissent à eux dans un but commun, ce qui est la même chose, ces propriétaires peuvent *user* de leur chose *à leur volonté.*

Le législateur n'a mis qu'une*seule restriction à cette faculté de disposer :

« Le propriétaire de la source ne peut en changer « le cours, lorsqu'il fournit aux habitants d'une « commune, village, ou hameau, *l'eau qui leur est* « *nécessaire.* »

Or, cette clause s'applique si peu aux sources qu'il s'agit de dériver, que loin de fournir *l'eau nécessaire* aux habitants, autres que les usiniers, elles sont pour eux comme si elles n'existaient pas ; et il leur est formellement interdit d'en prendre la moindre quantité, d'abord en vertu d'un droit général, reconnu par la jurisprudence des tribunaux aux propriétaires d'usines établis sur des biefs faits de main d'homme, ensuite par des titres précis et authentiques, dont un extrait sera rapporté plus loin.

En vertu de ces titres, dont la plupart remontent à plusieurs siècles, dont quelques-uns sont récents (M. le chevalier de Boufflers, par exemple, dernier descendant des propriétaires du parc et des sources de Neuville, a aliéné encore des usines avec les droits y attachés postérieurement au Code civil, en 1808,) les usiniers propriétaires ou usufruitiers des sources qu'il s'agit de dériver peuvent, en s'entendant entre eux, déplacer les biefs dans lesquels elles coulent, et même les couvrir, hors des enclos des usines ; car ils possèdent non-seulement le ruisseau, mais de plus ses francs bords (1). Si donc ils veulent un jour, au lieu de continuer à faire passer les sources dans leurs biefs particuliers, qui les mènent d'une usine à une autre, les introduire ou les laisser introduire dans une galerie qui les conduira à Lyon, c'est une détermination qui les concerne et non les autres habitants qui n'y doivent pas toucher, qui même ne s'en apercevraient pas, le jour où cela arriverait.

Ces droits absolus d'*user à leur volonté* et d'*interdire l'usage à tous autres*, qui sont possédés par les usiniers sur les cours d'eau dont il s'agit, et qui seront transférés à ceux qui exécuteront la dérivation projetée, n'existeraient pas, qu'il y aurait lieu pour cause d'utilité publique invoquée en faveur de la population lyonnaise, à faire application de la loi d'expropriation. Cette question a été examinée, dans un cas analogue, par le célèbre jurisconsulte Proudhon, doyen de la faculté de droit de Dijon, dans un mémoire pour la ville de Besançon, d'où le passage suivant est extrait :

Opinion du jurisconsulte Proudhon, au sujet d'une expropriation à exercer contre une commune, pour la concession, forcée, d'une source dans l'intérêt de la ville de Besançon.

TROISIÈME QUESTION.

« Dans le cas où les arrangements amiables « dont on a parlé ci-dessus viendraient à man- « quer, c'est-à-dire dans le cas où ni le proprié-

(1) Ces biefs, soit sur le territoire de Neuville, soit sur celui de Fontaine, sont indépendants du ravin ou ruisseau naturel, existant dans la partie la plus basse de chaque vallon, où coulent les eaux provenant de la pluie et même de diverses sources qui surgissent, çà et là, à d'autres niveaux que les sources importantes utilisées pour les usines. Ces ruisseaux resteront toujours les mêmes, après comme avant la dérivation.

« taire de la source, ni les propriétaire des
« usines situées plus bas, ne consentiraient à
« faire aucune concession d'eau pour l'usage
« des habitants de Besançon, cette ville pour-
« rait-elle être en droit d'exiger, dans la haute
« mesure de ses besoins, la concession forcée
« des eaux de la source d'Arcier (2)?

« — *Cette question doit être décidée dans un*
« *sens affirmatif*, et l'on doit dire que la ville
« de Besançon est en droit d'invoquer ici, dans
« le haut intérêt du besoin qui pèse sur elle,
« les lois qui permettent l'expropriation forcée
« des biens de particuliers, lorsque cette expro-
« priation est fondée sur une cause d'utilité
« publique ou communale.—Page 7.» (Suivent
des citations d'articles du Code et des raisonnements péremptoires, qui démontrent la jus-
tesse de cette opinion).

Une thèse absolument identique, peut être soutenue avec d'autant plus de succès pour Lyon, concernant les sources à dériver des territoires de Neuville
et de Fontaine, qu'il ne s'agit pas d'enlever à ces
communes des eaux qui servent à leurs besoins, et
d'obliger, par suite, leurs habitants à venir à Lyon
chercher *l'eau qui leur est nécessaire*. Un pareil résultat serait bien rigoureux, et quoique la population

(2) Il faut observer que le Doubs passe à Besançon, M. Proudhon
le savait bien, comme le Rhône à Lyon. En outre, la source d'Arcier surgissant à deux lieues de distance, appartenait au territoire
d'une autre commune que Besançon.

lyonnaise comparée à celle de chacune de ces communes soit dans la proportion de 100 à 1, une telle extrémité devrait être prise en grande considération. Mais rien de semblable n'est à redouter. La commune de Neuville a des fontaines publiques, alimentées par des sources qui lui appartiennent, il n'est pas question d'y toucher; et sur son territoire, comme sur celui de Fontaine, où les sources surabondent, presque toutes les propriétés ont des filets d'eau fluente, ou du moins des puits intarissables. Encore une fois, rien de cela n'est menacé.

L'opinion de M. Proudhon serait donc parfaitement applicable à Lyon, s'il en était besoin. Mais les droits des propriétaires des sources à dériver, qui sont écrits dans le code, et ceux de leurs usufruitiers, qui sont stipulés dans des actes publics, confèrent aux uns et aux autres la possession absolue et la jouissance exclusive de l'eau de ces sources. On va le voir par la stipulation suivante, émanée de Madame la Duchesse de Lauzun, propriétaire du parc de Neuville, des sources, cours d'eau et usines qui en dépendaient, en 1787. Le parc de Neuville n'a point été vendu révolutionnairement; après des ventes partielles de plusieurs usines, effectuées dans ce siècle, il a été aliéné en 1818, par M. le chevalier de Boufflers, son dernier propriétaire, et acquis par M. Rambaud qui l'a morcelé, et dont la veuve habite encore en ce moment le château. Les droits actuellement existants ont donc été transmis de propriétaire à propriétaire. La stipulation qui suit ne figure pas isolément, dans l'acte d'où elle est extraite; elle se trouve reproduite

Stipulation authentique, qui donne aux usiniers la jouissance exclusive des eaux de source coulant dans leur bief.

en termes aussi formels dans d'autres actes, et investit tous les usiniers d'un même droit pour la défense de leur intérêt commun.

Extrait d'un acte passé devant M. Buisson, notaire à Neuville, le 4 juillet 1787, entre Antoine Magniet fondé de pouvoir de Madame la Duchesse de Lauzun, et le sieur Pierre Rival négociant et son épouse, etc.....

(Article 2 de l'acte). « En conséquence de ce « niveau, l'état actuel des eaux à la sortie du dit « moulin, ne pourra, en aucun temps, être « changé; et dans leur cours par le béal jusqu'au « pré, elles ne pourront en aucune manière « et pour quelque cause que ce soit être déri- « vées, diminuées, ni détournées par aucun « établissement quelconque; de manière que « leur chûte et leur volume dans l'étendue des « objets ci-dessus accensés soit toujours au « même état qu'aujourd'hui; clause essentielle « en faveur des dits sieur et dame mariés Rival, « sans laquelle ils n'auraient point accepté le « présent accensement. Et *dans le cas où quel-* « *ques particuliers propriétaires voisins du béal,* « *s'aviseraient* FURTIVEMENT *de* PRENDRE *ou de* « *détourner partie des dites eaux, les sieur et* « *dame Rival agiront contre eux, ainsi qu'ils* « *aviseront, en vertu des présentes;* TOUS LES « DROITS DE MADAME LA DUCHESSE, POUR FAIRE « RÉPRIMER DE PAREILS ABUS, LEUR DEMEURANT « TRANSPORTÉS. »

L'acte qui vient d'être mentionné est relatif à une partie du bief des eaux de source, ayant un développement de 3oo mètres, et comprise entre le moulin actuel de M. Riboulet, où un repère pour niveau avait été placé en 1787, et celui appartenant à MM. Rival frères, descendants du sieur Pierre Rival, qui figure dans cette pièce. Mais la même stipulation, répétée dans d'autres actes, régit toute l'étendue de l'écoulement de ces eaux, jusqu'à la Saône.

Après ce qui précède, il ne peut rester aucun doute sur la faculté qu'ont les propriétaires et les usufruitiers des sources dont il s'agit, ou leurs ayant-droits, d'en disposer comme ils l'entendront, de les dériver par exemple, si l'autorisation en est accordée par l'administration supérieure. Il n'est même pas besoin de rappeler qu'une commune peut être expropriée, et déboutée de ses prétentions, comme un particulier; et qu'entre autres faits de ce genre, on peut citer trois communes d'un de nos départements qui ont été expropriées depuis la loi de 1833, dans une circonstance identique, au sujet d'un cours d'eau ayant sa source sur le territoire de l'une d'elles et passant sur celui des deux autres, lequel a été dérivé, d'une distance de 12 kilomètres, pour servir aux divers usages de la population dn chef-lieu du département.

Mais, à défaut de moyens légaux, pour empêcher la dérivation projetée, les communes de Neuville et de Fontaine, sur le territoire desquelles coulent les sources que l'on veut conduire à Lyon, peuvent-elles faire valoir des considérations d'un autre ordre, aussi puissantes peut-être et plus respectables même aux yeux des hommes distingués, appelés à en connaître? Auraient-elles des motifs réellement fondés pour faire entrevoir, à la suite de la grande mesure qui se prépare dans l'intérêt du chef-lieu du département, la ruine de leur industrie, l'appauvrissement de leur population? *Res sacra miser.*

C'est ce qui doit être examiné avec attention; c'est ce qui fait l'objet des DÉTAILS ci-joints SUR LES COURS D'EAU ET LES USINES de ces deux communes.

DÉTAILS

SUR LES

COURS D'EAU ET LES USINES

DU TERRITOIRE DE NEUVILLE ET DE CELUI DE FONTAINE ,

ET

APPRÉCIATION

DES EFFETS QUE DOIT PRODUIRE ,

EN CE QUI LES CONCERNE,

L'EXÉCUTION DU PROJET DE DÉRIVATION DES EAUX DE SOURCE ,

A LYON.

———◦◦◦———

COURS D'EAU ET USINES DU TERRITOIRE DE NEUVILLE.

Les deux sources les plus considérables de celles qui surgissent en abondance sur le territoire de Neuville, sont la fontaine *Lavosne* , la première par ordre d'importance **,** et la fontaine *Camille* , la plus élevée, par conséquent la plus éloignée de toutes; ces deux sources ont cela de remarquable qu'elles sortent du sol pour ainsi dire d'un seul jet.

4

La fontaine Camille prend naissance dans une galerie souterraine, dont la tradition attribue la construction et fait honneur à un ancien archevêque de
Lyon, du nom de Camille ; cette galerie se termine
auprès d'un bassin découvert, où se rend l'eau de la
source avant d'entrer dans son bief, presque au bout
du vallon des Torrières, dans l'ancien parc de Neuville, et sur la propriété particulière de M. Rival ainé.

Son point d'émergence est de 20 à 25 mètres plus
élevé que celui de la fontaine Lavosne.

Nota. — Les indications qui vont suivre, relativement à la fontaine Camille, sont là pour rendre
complets les détails sur les cours d'eau et les usines
du territoire de Neuville. Les auteurs du projet d'une
dérivation d'eaux de source à Lyon ont l'intention de
laisser couler cette source dans son état actuel, lors
même qu'ils auraient acquis les droits de propriété et
d'usufruit appartenant à diverses personnes sur elle.
Ils la considèrent seulement comme une réserve, à
laquelle on ne sera pas dans le cas de toucher.

A peu de distance du bassin où se rend l'eau de la
fontaine Camille en sortant de sa galerie, elle fait
tourner une roue d'un diamètre de 6 m. 50 c., qui
sert à une usine, si toutefois on peut donner ce nom
à un bâtiment contigu à la ferme de M. Rival, dans
lequel un homme et un enfant sont occupés à scier du
marbre.

Le 2ᵉ bâtiment où la fontaine Camille fait mouvoir
une roue du diamètre de 50 m. 80 c., appartient à
M. Saillard, boucher à Neuville. Il était loué, il y a

quelque temps, à un fabricant de tulle ; mais, depuis un an environ, il est inoccupé.

Le 3e bâtiment où passe la fontaine Camille, en y formant une chute de 5 m. 80 c., appartient depuis peu à M. Parent, qui y a établi une fabrique de couvertures de laine ; il a plus d'importance et mérite mieux le nom d'usine que les précédents.

Dans l'espace qui sépare le bâtiment de M. Rival de ce dernier établissement, il y a une certaine quantité de prés de médiocre valeur, dont une portion (de 7 à 8 hectares) est arrosée un jour par semaine, pendant 6 mois de l'année, par la fontaine Camille et le ruisseau des Torrières.

Au sortir de l'enclos de la fabrique de couverture, le bief de la fontaine Camille se dirige vers la source de Lavosne, et va, porté sur des arceaux de pierre, se réunir à l'eau de cette source dans l'établissement de MM. Rivière frères, dont il sera parlé tout à l'heure.

Indépendamment des trois établissements mentionnés ci-dessus, il y a encore deux petites usines, plus rapprochées de Neuville, qui n'éprouveront aucun effet de l'exécution de la dérivation projetée, étant mises en mouvement par un cours d'eau qui prend naissance à l'ouest de la source de Lavosne, et n'est point susceptible d'être dérivé. Elles ne travaillent ni l'une ni l'autre en ce moment. L'une, appartenant à la liquidation Gaujet, était louée à un fabricant de tulle, il y a quelques années ; l'autre, appartenant à M. Dunod, contenait un essai de moulinage de soie sur un nouveau système.

Source de Lavosne.

Le commencement de la galerie de dérivation sera précisément au point d'émergence de la source de Lavosne , qui surgit dans la propriété particulière de MM. Rivière frères , vallon des Torrières , territoire de Neuville , sur les confins de la commune de Montanay. Cette source qu'on voit sourdre à la manière des fontaines artésiennes , de bas en haut , présente en naissant un volume d'environ 150 pouces, ou 300 modules d'eau (nouveau style) ; elle sort du sol à 39 m. 90 c. au dessus du plan d'étiage de la Saône à Lyon.

Le 1ᵉʳ établissement auquel sert l'eau de cette source est l'atelier d'impression sur étoffes, autrefois de MM. Rivière frères , maintenant du locataire, M. Achille Meiller , qui l'emploie au lavage des tissus. Quand elle aura été dérivée à Lyon , on se servira pour le même objet d'un cours d'eau formé par une source moins considérable mais suffisante néanmoins pour alimenter un lavoir, lequel sera placé à la partie occidentale du pré attenant à la maison , sur un des points où passe actuellement ce cours d'eau, toujours dans le clos de MM. Rivière. Des dispositions sont déjà convenues et des stipulations mêmes signées, en prévision de ce fait. Il n'y a donc pas lieu à ce que cet établissement d'impression sur étoffes soit supprimé par la dérivation de la source de Lavosne.

Dans les bâtiments de MM. Rivière se trouve un petit moulin à blé, qui y a été créé pour profiter d'une chute de 4 m. 50 c. de la fontaine Lavosne, et d'une

chute de 8 mètres de la fontaine Camille, qui vient se
réunir à la première sur la roue de ce moulin.

D'après les calculs de M. l'ingénieur en chef, faits
en 1838, à la suite de ses jaugeages officiels, la force
motrice produite dans cette usine par la chute de la
fontaine Lavosne, unie à celle de la fontaine Camille
pour la hauteur de 4 m. 50 c., représentait celle de
2 chevaux-vapeur 1/4 (2,25). 2 ch. 25

L'atelier d'impression, à qui l'eau sert pour lavage,
et non pour force motrice, occupe un nombre variable d'ouvriers, quelquefois assez considérable.
Quant au moulin à blé, qui serait supprimé, ou re-
duit à la moitié environ de sa mouture actuelle, par
la dérivation de la source de Lavosne, il ne fournit
de l'occupation qu'à un seul homme (1). Ce moulin,
par suite de son éloignement de la Saône et du mauvais état des chemins qui y conduisent, a peu de valeur.

L'eau de la fontaine Lavosne, qui surgit en
entier chez MM. Rivière, coule dans un bief sur
leurs fonds, jusqu'au chemin qui sépare leur clos
du moulin de *la Vallière*, appartenant à MM.
Tramoy père et fils. Le bief passe sous le chemin, et débouche dans le jardin de MM. Tramoy
à ciel ouvert.

La 2ᵉ usine, mue par l'eau de la source de Lavosne

---

(1) Lequel se repose ou va se promener, quand son fils prend sa
place. Cette circonstance, du reste, est commune à tous les moulins
à blé ordinaires qui n'ont qu'un seul tournant, tels que sont, sur le
territoire de Neuville et sur celui de Fontaine, la presque totalité
de ceux dont il est question dans cette Notice.

et de la fontaine Camille est un moulin à blé de MM. Tramoy, dont la force motrice, d'après la base précitée (le diamètre de la roue ayant 5 m. 50 c.), est de 2 ch. 82 centièmes. Ce moulin serait supprimé, ou réduit aux 2/5 de sa force actuelle par la dérivation de la fontaine Lavosne.

Le bief qui conduit cette eau, en quittant la propriété Tramoy, entre dans le clos de l'ancienne blanchisserie, qui a été achetée, il y a 8 ans environ, puis morcelée par feu M. Perrot meunier, qui, pour l'amélioration de son moulin, c'est-à-dire pour augmenter un peu sa chute d'eau, a fait passer le bief au milieu des terrains qu'il a revendus ensuite, en imposant *comme servitude passive*, le passage du bief, sans obligation de sa part de l'y maintenir, et, bien entendu, sans conférer aucun droit à ceux qui en sont devenus riverains.

La 3ᵉ usine, mue par le même cours d'eau, est le moulin à blé de Mme Vve Perrot, dont la force motrice résultant d'une chute de 7 m. 79 c., est de 3 ch. 86 centièmes, d'après la base précitée. Ce moulin serait également supprimé ou réduit aux 2/5 de sa force par la dérivation projetée.

Le bief, après être sorti de chez Mme Vve Perrot, entre dans la propriété de M. Riboulet, usinier inférieur.

Indépendamment de l'eau de la fontaine Lavosne et de la fontaine Camille, *deux autres cours d'eau provenant de sources qui ne seront*

Marginal notes (left column):

Rep. 2 ch. 25

2 ch. 82

3 ch. 86

A rep. 8 ch. 93

pas dérivées à Lyon, et qui font mouvoir un
second moulin de Mme Perrot, après avoir formé
un lavoir pour lessives et avoir servi de force
motrice aux deux petits établissements déjà
mentionnés , dont l'existence ne saurait être
compromise, viennent se réunir en un même
bief, en entrant chez M. Riboulet.

La 4ᵉ usine, mue par l'eau des fontaines Camille et
Lavosne, ainsi que par les autres cours d'eau réunis,
est un moulin à blé, appartenant à M. Riboulet, qui ne
jouit que d'une chute de 3 m. 25 c., et dont la force
motrice n'est par conséquent que de 1 ch. 61 centièmes, pour ce qui concerne le premier cours d'eau,
suivant le jaugeage de 1838 (sa force totale est de 2,23).

Le peu de chute que possède ce moulin ne permettra pas de continuer à le faire tourner avec les
eaux qui ne seront pas dérivées ; mais sa chute
pourra être réunie à celle du moulin supérieur de
Mme Perrot, mu par les même eaux ; lequel en ce cas,
augmentera d'autant sa force motrice et ses produits.

Le bief, en sortant de chez M. Riboulet, longe
le clos de Mme Chevelu, à qui il est interdit
par les usiniers d'y prendre la moindre quantité d'eau ; ceux-ci conservant un passage de
2 m., le long de leur canal, pour assurer leur
droit de possession exclusive. (Les titres authentiques relatifs à cette interdiction, qui est commune à tous les riverains du bief, sont mentionnés autre part).

Après le clos Chevelu, le bief entre dans la
propriété de MM. Rival frères.

Rep. 8 ch. 95

1 ch. 61
A rep. 10 ch. 50

Rep. 10 ch.54

2 ch.90
A rep. 13 ch.44

Le 5e établissement auquel l'eau de Lavosne concourt à servir de moteur appartient à MM. Rival
frères. Pendant le jour le volume d'eau formé par
tous les ruisseaux réunis fait aller un laminoir de
plomb, et pendant la nuit un moulin à blé. La
chute est de 5 m. 84 c., d'où il résulte que l'eau
des fontaines Camille et Lavosne y produit une force
motrice de 2 ch. 90 centièmes (la force totale de
l'ensemble des eaux est de 4 ch. 43 centièmes),
d'après la base des jaugeages de 1838.

MM. Rival, qui ont un magasin dans Lyon, où ils
habitent, sont d'honorables négociants faisant de
grandes affaires. Dès qu'ils ont entrevu l'issue probable
du projet de dérivation de la source de Lavosne, ils ont
commandé une machine à vapeur, pour suppléer la
force motrice hydraulique qu'ils n'auraient plus
dans quelque temps. Mais, comme leur établissement de laminage est en pleine prospérité, au lieu
de commander une machine d'une force égale à
celle qu'ils avaient, c'est-à-dire de quatre chevaux et
demi environ, ils l'ont fait faire de 12 chevaux.

Quant au moulin à blé, il conservera plus de
la moitié de sa force motrice actuelle, en conservant
les eaux qui ne seront pas dérivées; et, en outre, il
pourra recevoir une addition de force égale à la
sienne par la suppression, si elle a lieu, d'un moulin
inférieur dont il va être parlé.

Le bief, sortant de l'établissement de MM.
Rival, traverse souterrainement la route départementale de Lyon à Trévoux, et débouche dans la

pièce d'eau de MM. Tramoy, servant de réservoir au moulin des Foulons.

La 6ᵉ et dernière usine à laquelle l'eau de Lavosne sert de moteur, mêlée avec les autres cours d'eau, est celle qu'on nomme des *Foulons* et qui est actuellement un moulin à blé, appartenant comme celui nommé *La Vallière*, à MM. Tramoy père et fils. La chute d'eau de ce moulin eet de 5 m. 52 c.; en vertu de cette chute, l'eau des sources Camille et Lavosne y crée une force motrice de 2 ch. 82 centièmes (La force produite par toutes les eaux réunies est de 4 ch., 31 centièmes), d'après la base précitée.

En sortant du moulin de Foulons, les eaux de source ne sont plus qu'à une hauteur de 2 m., environ, au-dessus du plan d'étiage de la Saône, où elles vont se jeter. En temps de grosses eaux, cette rivière vient baigner la partie inférieure de la roue ordinaire de ce moulin, laquelle est alors remplacée momentanément par une autre d'un diamètre moins grand.

Le parcours de l'eau de Lavosne n'est que de 1,500 mètres depuis sa source jusqu'au moulin des Foulons, au sortir duquel elle cesse de pouvoir être utilisée, et de 2,000 mètres en tout jusqu'à son arrivée dans le lit de la Saône.

On a pu remarquer qu'en suivant le cours de la fontaine de Lavosne, depuis son point d'émergence jusqu'au dernier moulin (celui des Foulons), il n'a pas été question de prés irrigués par elle, dans les

Rep. 13 ch. 44

2 ch. 82

Total : 16 ch, 26

intervalles entre les divers enclos des usines. C'est qu'en effet il n'y en a pas. Le seul pré qui reçoive cette eau 24 heures par semaine, pendant 6 mois, est contigu au moulin des Foulons dans la direction nord-est. Il n'a pas trois hectares. Et il faut observer que la moitié environ du ruisseau qui lui sert d'irrigation devant continuer à y couler, après la dérivation de l'eau de Lavosne à Lyon, le tort auquel il est exposé, si tort il y a, est chose bien minime.

L'agriculture est donc tout-à-fait désintéressée dans la dérivation de la source de Lavosne *.

Note écrite postérieurement à la clôture du registre d'enquête.

Il convient de dire ici : que tout ce qui précède , comme ce qui suit , se trouvait contenu , mot pour mot , dans les pièces manuscrites, déposées à la préfecture pour être soumises au public. Mais personne n'en a tenu compte, ou plutôt personne n'en a pris connaissance ; d'où il résulte que la généralité des observations consignées sur le registre par les opposants au projet, portent à faux ; notamment celles des habitants de Neuville, qui ont réclamé et protesté, absolument comme si la dérivation projetée avait pour but de conduire à Lyon *tous* les cours d'eau du territoire de cette commune, et d'y mettre à bas *toutes* les usines. Ainsi, pour ne citer qu'un seul exemple, on a considéré, comme non douteux l'anéantissement de l'établissement d'impression sur étoffes, existant dans les bâtiments Rivière. Or, indépendamment de la stipulation mentionnée à la page 52 , le locataire actuel , M. Meiller, a déclaré à une personne de Lyon , avec autorisation de le répéter à M. le préfet , « que si la source de Lavosne seule était dérivée, et si rien n'était changé au cours de la fontaine Camille , il pourrait continuer son industrie , telle qu'il l'a exercée jusqu'à présent , à Neuville. »

En somme (il est satisfaisant de le dire), la présente Notice ne contient aucun détail dont l'exactitude ait été contestée , et si elle était encore à faire en ce moment , elle devrait être faite entièrement conforme à ce qu'elle est. »

RÉSULTATS DE LA DÉRIVATION, EN CE QUI CONCERNE
LES USINES DU TERRITOIRE DE NEUVILLE.

Il y a *actuellement* sur le territoire de Neuville 13 usines, d'importance et de destination différentes, se servant des eaux de source, qui surgissent sur le territoire de cette commune, pour force motrice, sans compter l'atelier d'impression sur étoffes, de M. Cosandier (entre les moulins de Mme Perrot et celui de M. Riboulet), qui s'en sert uniquement pour lavage, ce qui porterait à 14 le nombre des établissements utilisant les eaux de source sur le territoire de Neuville.

Après la dérivation de la source de Lavosne, et par suite de la suppression ou diminution de la force motrice dans les usines mentionnées ci-devant, le moulin de M. Riboulet sera nécessairement arrêté; il pourra en être de même des deux moulins Tramoy, et, à la rigueur, de l'un des moulins de Mme Perrot. Dans ce cas là même, les 14 établissements du territoire de Neuville ne seraient diminués que de 4, c'est-à-dire, de moins du tiers, et seraient encore au nombre de 10.

Si l'on dérivait, en outre, plus tard, la fontaine Camille, sans exécuter les mesures indiquées ci-après, il y a 3 petites usines dont le moteur serait supprimé, ce qui réduirait le nombre des établissements restants à 7.

Ainsi, dans ce dernier cas, il en resterait 7 sur 14, c'est-à-dire, la moitié, et dans le cas précédent, qui est le seul probable, 10 sur 14, ou plus des deux tiers.

Après avoir comparé le nombre actuel des usines à celui qui existera après l'exécution de la dérivation, il faut faire le compte des forces motrices susceptibles de suppression par suite de cette entreprise.

Il résulte des détails qui précèdent, que la dérivation de la source de Lavosne opérerait sur l'ensemble des forces motrices hydrauliques du territoire de Neuville, une réduction de 16 *chevaux* 26 *centièmes*, y compris même le volume de celle de Camille (depuis l'établissement Rivière), d'après la base du jaugeage officiel de 1838.

MM. Rival frères, propriétaires de l'établissement de laminage de plomb, installant chez eux, pour suppléer la force motrice hydraulique qui va leur manquer, une machine à vapeur de 12 *chevaux*, il n'y a plus déficit que de 4 *ch.* 26 *cent.*

Indépendamment de cela, MM. Tramoy sont disposés à remplacer leurs deux moulins, ayant entre eux deux une force de 6 à 7 chevaux, par un moulin unique établi dans le bâtiment des Foulons, près de la Saône, lequel aurait 5 tournants qui seraient mus par une machine à vapeur de la force de 15 à 20 chevaux. (L'un de ces messieurs l'a dit au sein du conseil municipal de Neuville). Dans ce cas, la dérivation, loin de diminuer les forces motrices, et par suite, les produits de mouture et les travaux de laminage de plomb, à Neuville, les ferait augmenter, au contraire, notablement.

Ce dernier point est éventuel, mais la machine de 12 chevaux de MM. Rival, est déjà fabriquée et prête à fonctionner.

Résumé : Dans un cas, — augmentation momentanée des forces motrices employées à Neuville ; dans
un autre cas, qui est le plus vrai, ou le plus certain, — suppression d'une force motrice de 4 *chev.*
1/4 ; enfin, dans le cas où l'on ferait abstraction de
la machine à vapeur de MM. Rival, — suppression
d'une force motrice de 16 *chevaux* 1/4, laissant sub-
sister à peu près toutes les usines.

Quant aux effets de la dérivation de la source de
Lavosne par rapport à l'agriculture, néant.

———————

Dans le cas où l'on dériverait la fontaine Camille
à la suite de la fontaine Lavosne, son point d'émergence étant de 20 à 25 mètres plus élevé que celui de
cette dernière, où doit commencer la grande galerie
de dérivation, on pourrait très-bien, si on le voulait,
conserver l'irrigation hebdomadaire des prés, et les
chutes d'eau des trois usines existant dans le vallon
de l'ancien parc; au dessus de la source de Lavosne.
On emploierait, dans ce but, le moyen indiqué avec
détails plus loin (page 68) pour la partie supérieure du
ruisseau de Fontaine, savoir : un réservoir de compensation, près de la source, qui recevrait pendant
6 jours la portion d'eau destinée à arroser les prés
le 7ᵉ, et un petit canal souterrain qui conduirait d'une
usine à une autre le reste du cours d'eau formant les
6/7 de son volume parfaitement à couvert; sauf l'espace occupé par chacune des trois roues hydrauliques,
depuis sa source jusqu'à son entrée dans la grande
galerie, où s'opèrerait sa réunion avec l'eau de
Lavosne.

COURS D'EAU ET USINES DU TERRITOIRE DE FONTAINE.

Ruisseau de Fontaine.

(Au lieu de suivre ce ruisseau depuis le commencement jusqu'à la fin de son cours, pour les détails à donner, il convient de le remonter à partir de son embouchure dans la Saône; attendu que plusieurs moulins qu'il fait mouvoir se trouvent au dessus du niveau de la galerie de dérivation projetée; ce qui les range dans une catégorie tout-à-fait distincte de ceux qui sont en dessous).

L'usine la plus rapprochée de la Saône, à laquelle sert le ruisseau d'eaux de source de Fontaine, est un vaste moulin à blé, appartenant à M. Joannon. Cet établissement est à peu près aussi important, ou du moins peut faire autant de mouture, que le moulin à vapeur de M. Vachon à Vaise, ou celui de Perrache. Ce dernier a 8 tournants, celui de Vaise en a 7; et celui de M. Joannon dont il s'agit en a également 7. Mais sur ce nombre 2 seulement sont mus par l'eau; les 5 autres le sont par une machine à vapeur de 25 à 3o chevaux. La dérivation des eaux de source n'aura, bien entendu, aucun résultat à l'égard de ces 5 tournants; quant aux deux autres, si on ne leur appliquait pas une extension de la force motrice de la machine à vapeur (qui, en ce moment ne travaille qu'avec la moitié de sa force), ils ne seraient néanmoins qu'environ 6 mois de l'année sans rien faire. Voici l'explication de cet époncé.

En 1836, les meuniers de Fontaine, dont le ruis-

seau momentanément amoindri subissait l'influence
de la pénurie insolite d'eaux pluviales qui a duré de
1832 à 1838, voulant augmenter leur force motrice
pendant une partie de l'année, s'entendirent entre eux
et firent les fonds nécessaires pour percer une galerie
souterraine, ou tunel, allant du vallon de Fontaine
chercher une portion de l'eau qni s'écoule dans le
vallon de Rochetaillée et qui provient du marais des
Echets. Cette eau ne coule pas ordinairement en mai,
juin, juillet et août, et ne coule que rarement en
septembre; elle est alors retenue sur le sol des Echets
pour le mode de culture qui y est pratiqué; mais,
pendant six mois environ, pendant cinq surtout, elle
coule avec un volume 10 fois ou 20 fois plus considérable que celui du ruisseau des eaux de source;
c'est une petite rivière. Les meuniers ne prennent
qu'une faible quantité de l'eau des Echets, parce que
le canal, ou bief, qui conduit de temps immémorial
les eaux d'un moulin à un autre, dans le vallon de
Fontaine, n'a été fait que pour contenir le volume
maximum des eaux de source, qui surgissent dans ce
vallon. Mais, le jour où ils voudraient s'entendre de
nouveau (ce qui aurait lieu, si les principales sources étaient conduites à Lyon) et consacrer à l'agran-
dissement de leur canal une somme probablement
moindre que celle que leur a coûté leur tunel d'un
vallon à l'autre; ils pourraient travailler là moitié de
l'année avec une force double, triple, ou quadruple,
de celle qu'ils ont maintenant, et obtenir des produits en conséquence; ils n'auraient que le désagrément de la suspension périodique de leurs travaux,

interrompus en avril ou mai de chaque année. Encore
faut-il dire, que dans la prévision de la dérivation
des sources, qui mettra, si elle a lieu, des sommes
assez notables entre les mains des meuniers de Fontaine, ils pensent dès à présent à acheter en commun
un espace de terrain, soit dans la partie supérieure
du vallon de Rochetaillée où ils établiraient un bar-
rage, soit au lieu des Echets même, pour y faire une
retenue ou provision d'eau, qui les mettrait dans le
cas de faire tourner leurs moulins pendant la totalité
ou la presque totalité de l'année, avec l'eau provenant des Echets.

La chute d'eau du moulin Joannon, le plus rap-
proché de la Saône, est de 9 m. 09 c.; d'après le jaugeage du ruisseau de Fontaine, opéré en 1838, par
M. l'ingénieur en chef, cette chute représente une
force motrice de 1,60 *cheval-vapeur*, c'est-à-dire
moins que la force de 2 chevaux.

1 ch. 60

La 2ᵉ usine qu'on trouve en remontant le ruisseau de
Fontaine est celle du sieur Chatanay; c'est un moulin
à blé de peu d'importance, qui n'a qu'un seul tournant, et ne peut pas en avoir davantage, vu le faible
diamètre de sa roue, qui n'a que 4 m. 54 c. de chute
d'eau. D'après le jaugeage de 1838, cette chute ne
donne pas la force d'un *cheval-vapeur*, mais seulement quatre-vingts centièmes de cette force (0,80).

0 ch. 80

A rep. 2 ch. 40

La 3ᵉ usine, en remontant toujours, appartient à
M. Joannon, le propriétaire du grand moulin à vapeur du bord de la Saône; c'est aussi un moulin à
blé. Sa chute d'eau est de 5 m. 84 c., et, d'après

la base du jaugeage précité, sa force motrice est de 1,04 *cheval-vapeur.*

La quatrième usine, en remontant, est le moulin *du Buisson*, appartenant à M.François Perrot, qui l'a fait arranger et agrandir, il y a quelques années, après avoir fait des travaux pour augmenter la hauteur de sa chute. Il a 4 tournants, dont la totalité peut marcher quand le ruisseau est à son *maximum* de quantité, mais dont un seul ou deux au plus fonctionnaient en 1838, lors du jaugeage de M. l'ingénieur : époque où la diminution du ruisseau a été telle, que les habitants de la localité prétendent n'en avoir jamais vue de semblable, et qui doit être attribuée à ce que la région souterraine où se forment les sources de ce ruisseau est de 20 à 25 mètres plus élevée que celles d'où sortent les sources de Lavosne, de Ronzier et de Roye; et qu'étant ainsi beaucoup plus rapprochée de la surface du plateau, elle doit éprouver beaucoup plus sensiblement l'influence d'une longue période de diminution d'eaux pluviales, de même que celle d'une grande augmentation.

La chute d'eau de ce moulin est très-considérable, elle a 12 m. 34 c.; et, avec le volume constaté par le jaugeage de 1838, elle donne lieu à une force motrice d'environ 2 chevaux 1/4 (2,20).

Au dessus de ce moulin, c'est-à-dire entre lui et le moulin immédiatement supérieur, se trouve le niveau de la galerie de dérivation, partant du point d'émergence de la source de Lavosne, et allant avec une faible pente (20 centimètres par kilomètre) déboucher

Rep. : 2 ch. 40

1 ch. 04

2 ch. 20
_____
Total: 5 ch. 64

5

sous le sol de la place du Commerce à Lyon. En effet, le diamètre de la roue du premier moulin Joannon est de . . . . 9 m. 09 c.

Celui de la roue du moulin Chatanay			4	54
»	»	2ᵉ moulin Joannon	5	84
»	»	moulin F. Perrot	12	34

31 m. 81 c.

Différence de niveau entre l'étiage de la Saône à Lyon et son étiage à Fontaine . . . . 2 m. 60 c.

Différence de niveau entre l'étiage de la Saône et le bas de la roue du moulin Joannon 2 75

Pente du ruisseau, entre les divers moulins 3 00

40 m. 16 c.

(Le niveau de la source de Lavosne est à 39 m. 90 c. au-dessus du plan d'étiage de la Saône à Lyon.)

(au-dessus de la Saône à Lyon.)

Au-dessus de ce niveau de 40 m., c'est-à-dire au-dessus du niveau de la galerie de dérivation, on trouve immédiatement un moulin appartenant à M. Louis Perrot, et successivement trois autres moulins à blé ou à huile. Il est bien évident que si la source du ruisseau de Fontaine était à la place même où est situé le moulin de M. Louis Perrot, ce serait ce qu'il y aurait de mieux pour l'entreprise de la dérivation des sources : on l'introduirait dans la grande

galerie tout près de son point d'émergence, et il n'y
aurait pas à s'occuper des prés ou usines, existant
ou plutôt n'existant pas dans la partie supérieure du
vallon. Mais tel n'est point l'état des choses; et, puisque l'origine du cours d'eau, au lieu d'être à 40
mètres, est à 65 mètres d'élévation au dessus du niveau de la Saône, on sera dans l'alternative suivante:
ou il faudra traiter définitivement avec les propriétaires
des petits moulins supérieurs au niveau de la galerie,
de même qu'on l'aura fait avec ceux des moulins
inférieurs, pour leur renonciation absolue à l'eau
des sources; ou bien, et c'est ce qui paraît le plus
convenable, voilà ce qu'on sera dans le cas de faire.
Comme l'eau ne se corrompt nullement en passant
quelques secondes dans les augets d'une roue
hydraulique, pourvu qu'elle ne serve à aucun autre
usage qui puisse la souiller (on emploie comme eaux
potables des eaux de rivière qui ont servi à bien
d'autres usages!), on pourra s'entendre avec les propriétaires des moulins, pour que l'eau soit recueillie
à sa source même et amenée dans un canal couvert d'un moulin à l'autre; de manière à ce qu'elle
ne sorte de son canal que pour passer sur une roue,
et qu'elle y rentre immédiatement après, jusqu'à ce
qu'elle arrive ainsi dans la galerie-mère.
Ce dernier moyen devrait être, sans nul doute,
fort peu coûteux, puisqu'il ne préjudicierait pas le
moins du monde aux meuniers, et qu'il préserverait,
au contraire, leur eau de l'évaporation qui a lieu
d'une manière très-notable à certaines époques
de l'année, par exemple, en été, sous l'influence

d'une atmosphère sèche et brûlante (1). Il n'y aurait donc point d'indemnités à donner aux propriétaires des usines supérieures, si ce n'est à M. Louis Perrot, pour un motif qui sera expliqué plus loin. La seule dépense à faire consisterait dès-lors en un petit canal, qui serait parfaitement couvert (sauf l'espace occupé par chaque roue hydraulique), depuis l'origine du cours d'eau, sur le territoire de Cailloux-sur-Fontaine, jusqu'à son débouché dans la grande galerie.

Quant aux prés irrigués un jour par semaine, pendant 6 mois, ils pourraient continuer à l'être, si on le voulait, moyennant un réservoir de compensation, tel qu'il en existe pour des cas analogues en Angleterre, qui serait établi de manière à recevoir du ruisseau et à rendre ensuite aux prés la quantité proportionnelle d'eau à laquelle ils ont droit. Les propriétaires de ces prés auraient le choix, ou de prendre cette eau une fois par semaine, comme à présent, du samedi soir au lundi matin, ou bien de la diriger dans leurs fonds les jours où cela leur serait le plus profitable, si toutefois ils n'aimaient pas mieux l'y faire pénétrer par un écoulement continu. Mais s'ils restent libres, ils préféreront certainement à toute chose une indemnité de 3 à 4,000 fr. par hectare, qui sera presque tout profit pour eux; car la plupart des prés actuels continueront à être arrosés par une multi-

(1) Les meuniers ont l'habitude de dire qu'en été leur eau est plus *lourde* la nuit que le jour ; c'est tout simplement qu'elle est en réalité un peu plus abondante, parce qu'alors l'évaporation est nulle, ou du moins très-faible.

tude de sources qui ne seront pas dérivées ; et ceux qui seraient convertis en chenevières, en terres à céréales ou à légumes, vaudraient presque autant après cela qu'auparavant.

Le 1ᵉʳ moulin, en remontant le vallon, au dessus du niveau de la galerie de dérivation, est, comme cela vient d'être dit, un moulin à blé, appartenant à M. Louis Perrot. Sa chute d'eau n'est que de 4 m. 54 c.

Le 2ᵉ moulin est aussi un moulin à blé, appartenant de même à M. L. Perrot. Quoique celui-ci ait 6 m. 82 c. de chute, il n'a néanmoins qu'un seul tournant, attendu que ses meules et ses autres agrès sont établis depuis longtemps suivant un ancien mode de mouture.

Le 3ᵉ est un moulin ou pressoir à huile, appartenant au sieur Guérin ; et n'ayant qu'environ 2 m. 50 c. de chute.

Le 4ᵉ est un moulin à blé, appartenant à Mme la comtesse de Virieu, et loué à un nommé Antoine Chatanay. Sa chute est de 6 m. 49 c.

L'éloignement de la Saône et le mauvais état des chemins empêchent ces 4 moulins d'avoir une grande valeur ; la plupart d'entre eux chôment souvent. Ils sont tous faits d'après d'anciens systèmes. Les propriétaires des deux usines les plus élevées se servent des eaux du marais des Echets par tolérance de la part des autres usiniers ; mais ils n'y ont pas droit, n'ayant pas contribué à la dépense du tunel qui les amène dans le vallon de Fontaine. Ainsi, une indemnité ne serait due qu'à M. Louis Perrot, dans le cas prévu page 67, c'est-à-dire si l'on voulait que l'eau de source passât toute seule, sans aucun mélange, sur les roues de ses deux moulins, et que par conséquent l'eau des Echets cessât d'y passer.

Le trajet entier du ruisseau des eaux de source de Fontaine, depuis son origine jusqu'à son embouchure dans la Saône, est de 3,3oo mètres. Quoique son cours soit très-borné, comme on le voit, comparativement à celui des ruisseaux ordinaires qui traversent nos campagnes, il est de beaucoup le plus étendu de ceux dont il est question dans cette Notice. Sa diminution si notable en 1836, 37, 38 est un fait anormal, un phénomène aussi insolite que l'a été plus tard l'abondance de pluie qui a amené les inondations de l'automne de 1840, et qui a rétabli l'équilibre dans les quantités annuelles d'eaux pluviales qui tombent dans le bassin du Rhône. Le volume de ce ruisseau, déjà considérablement amoindri alors par des causes physiques, était encore diminué par mille ruses de quelques propriétaires de fonds riverains, qui gaspillaient son eau presque tout le long de son cours, à l'insu et au détriment des meuniers.

En considérant donc le volume de 1838 comme un *minimum ultra-séculaire,* on devrait doubler au moins, dans les appréciations à faire des forces motrices des moulins de Fontaine, les chiffres énoncés aux pages 64 et 65. Mais il faut remarquer, d'un autre côté, que si ces chiffres sont maintenus tels qu'ils sont inscrits, ils sont doublés par le fait, puisqu'ils représentaient, à l'époque du jaugeage, la force motrice de chaque moulin durant toute l'année, et que pendant 6 mois environ l'eau des Echets, coulant à pleins bords dans le bief des meuniers, supplée et au-delà tout le ruisseau des eaux de source *.

* *Note écrite après la clôture du registre d'enquête.*

Malgré les détails précis qu'on vient de lire, qui tous étaient littéralement contenus dans le manuscrit soumis à l'enquête publique, et dont l'exactitude n'a été contestée par personne, des habitants de Fontaine ont protesté contre la dérivation projetée comme s'il s'agissait d'enlever toutes les sources de Cailloux et de St-Martin-de-Fontaine, et qu'on dût s'attendre à voir désormais le pays hors d'état de faire moudre son grain, et le sol frappé d'une aridité complète. Cependant, les pages précédentes indiquent bien clairement les moyens de conserver, d'une part, l'irrigation des prés, et d'une autre part, les trois moulins à blé supérieurs au niveau de la galerie (sans parler du moulin à vapeur à sept tournants, près de la Saône, qui pourrait lui seul suffire à la mouture de presque tout le canton).

Au surplus, si, avec l'assentiment des usiniers, on dérivait la portion de l'eau du ruisseau qu'on peut considérer comme affectée au service des moulins, en laissant couler dans le vallon, au moyen de réservoirs de compensation, servant en même temps de lavoir, la quantité d'eau correspondante à l'irrigation hebdomadaire des prés, quel dommage éprouveraient les propriétaires de fonds irrigables et autres habitants? De quel inconvénient réel auraient-ils à se plaindre?

RÉSULTATS DE LA DÉRIVATION
EN CE QUI CONCERNE LES USINES DE FONTAINE.

L'exécution du projet de dérivation ne peut produire aucun effet sur le grand moulin de M. Joannon,
si ce n'est que, durant les mois de l'année pendant lesquels l'eau provenant des Echets n'arrive pas
dans le vallon de Fontaine, on brûlera un peu plus
de houille pour faire mouvoir, par une extension de
force de la machine à vapeur, les deux tournants qui
sont mus actuellement par la chute du ruisseau.

Dans le moulin Chatanay il y aura une interruption
d'environ 6 mois par année dans le travail, ou, en
d'autres termes, une diminution de moitié dans la
mouture, si les meuniers ne s'entendent pas entre eux,
pour que, moyennant une dépense collective, l'eau
des Echets leur arrive pendant la totalité ou la presque
totalité de l'année, et si, dans l'état actuel des choses, ils ne font pas, du moins, agrandir le canal qui
dessert les moulins, de manière à doubler ou tripler
la quantité d'eau des Echets qu'ils reçoivent pendant
six mois à peu près.

Dans le petit moulin de M. Joannon, l'effet sera le
même que dans le moulin Chatanay.

Dans le moulin du Buisson de M. F. Perrot, qui
n'est pas bien éloigné de la Saône et qui contient 4
tournants récemment montés avec beaucoup de soin,
suivant le système moderne appelé *à l'anglaise*, on ne
manquera pas de profiter des appareils mécaniques
qui y sont habilement disposés; un 5ᵉ tournant sera

probablement ajouté à ceux qui existent; et le tout sera
mis en mouvement par une machine à vapeur de la
force de 15 à 20 chevaux, qui fonctionnera seulement
en l'absence de l'eau des Echets.

Quant aux moulins qui sont au dessus du niveau
de la galerie de dérivation, il a été expliqué ci-devant
comment ils seront conservés ; à moins qu'ils ne se
ferment d'eux mêmes. En effet, le temps a marché
pour la mouture des grains, comme pour toute espèce
de chose ; et il en résulte qu'il y a péril pour l'existence
des moulins placés près des chutes d'eau à la partie
supérieure de collines élevées, ou bien au fond de
vallons retirés, où jadis, à défaut de chemins à voi-
ture, le grain était apporté sur le dos de l'âne en
quelque sorte obligé, qui, dans chaque ferme un peu
importante, avait l'occupation presque permanente
de porter le blé et d'aller chercher la farine au moulin. Aujourd'hui, non seulement ceux de ces établissements auxquels on n'a accès que par des sentiers
sont perdus sans retour, mais encore ceux qui sont
éloignés des grandes routes, ou des cours d'eau na-
vigables, sont fortement compromis. Tel est le cas
des moulins qui sont à une certaine distance de la
Saône, sur le territoire de Fontaine, comme sur celui de Neuville. La consommation locale ne suffisant
pas pour leur maintenir, à tous, constamment de
l'ouvrage, leurs propriétaires essaient de travailler
pour le commerce ; mais là ils trouvent la concurrence
écrasante des moulins mieux placés, mieux organisés, et surtout des moulins à vapeur, qui, établis
au bord de la Saône, n'ont pas des frais de longs char-

rois à faire pour les grains arrivant en bateau
de la Bourgogne (1).

Résumé: Lors même qu'on ne tiendrait aucun
compte de ce qui précède, et qu'on porterait comme
effective et sans compensation la suppression des forces motrices, produites par les chutes successives du
ruisseau des eaux de source dans les quatre moulins
inférieurs, on ne trouverait qu'une perte de 5,64
(cinq chevaux trois quarts environ), d'après le jaugeage officiel de 1838.

Quant à ce qui concerne l'agriculture, il pourrait
n'y être absolument rien changé, en vertu du réservoir de compensation dont il a été parlé. En tout
cas, si les propriétaires des prés aimaient mieux recevoir une indemnité que de conserver leur irrigation
hebdomadaire, pendant l'été, tout se réduirait non à
la stérilité des fonds cultivés actuellement en prés,
mais à un simple changement de culture, pour 15 à
20 hectares.

---

(1) Le moulin à vapeur de Perrache, qui est à 15 mètres seulement de la Saône, et qui fait décharger son blé par mains d'homme,
dépense, à cause de cela, 12,000 francs de plus par année que le
moulin à vapeur de Vaise, qui est sur la Saône même, en vertu d'une
coupure faite à la gare, et qui décharge son grain mécaniquement. —
Quelle différence en plus n'y aurait-il pas si, au lieu de 15 mètres, il
était à 1,000 ou 2,000 mètres de la Saône? — Et que serait-ce s'il
était sur une colline?

Pour les établissements de véritable industrie, la proximité ou
l'éloignement des grandes voies de communication, c'est la vie ou la
mort.

RUISSEAU DE RONZIER

(coulant sur la commune de Fontaine).

Ce ruisseau qui, suivant le jaugeage officiel de 1838, ne fournit que 791 mètres cubes par 24 heures (791, 642 litres), ne serait pas assez considérable pour faire tourner un moulin à blé sans discontinuité, comme le font les autres cours d'eau, dont il vient d'être parlé. A moins d'une chute énorme, il ne donnerait pas la force d'un *cheval-vapeur*. Il y a pourtant 3 petites usines établies sur ses bords; mais chacune d'elles a un réservoir formant écluse, où l'on retient l'eau pendant une partie de la journée, pour augmenter pendant l'autre son volume, soit comme force motrice, soit comme moyen de lavage.

La première usine, à partir de l'origine du ruisseau qui naît sur la lisière du département de l'Ain, à un niveau peu différent de celui de la source de Lavosne, c'est-à-dire à 48 mètres au dessus de la Saône, est un moulin à blé appartenant au sieur Dominjon, dont la roue hydraulique a un diamètre de 5 m. 68. L'écoulement continu du ruisseau sur cette roue donnerait lieu à une force motrice équivalente à environ 69 centièmes de la force d'un *cheval-vapeur* (0,69).

0 ch. 69

A rep. 0 ch. 69

La seconde usine, après avoir changé fréquemment de destination, quoique construite depuis peu d'années, est en ce moment un atelier d'impression sur étofes, qui utilise l'eau principalement pour lavage; et qui ne serait point supprimé, si les sources supérieures du ruisseau de Ronzier étaient dérivées, attendu qu'il y a des sources proches de cette usine et non susceptibles de dérivation, qui par conséquent n'ont pas été jaugées, lesquelles paraissent devoir suffire au locataire de l'établissement ; car le cas de la dérivation du ruisseau de Ronzier à Lyon a été prévu dans son bail, et ne pourra pas être un motif de résiliation. La chute que forme le ruisseau dans cet établissement, appartenant aux mariés Guillon, n'est que de 4 m. 87. Coulant constamment, il donnerait une force motrice de 0,55 (à peu près moitié d'un cheval).

La troisième usine, qui appartient à Mme veuve d'Antoine Perrot, était, il y a quelques années, une fabrique de ciment, mais depuis un an ou deux elle est inoccupée. La chute qu'y forme le ruisseau est de 5 m. 19 c. ; et la force motrice qui résulterait de son écoulement continu est de 62 centièmes de la force d'un *cheval-vapeur*.

Ce qui prouve le peu d'importance industrielle du ruisseau de Ronzier, c'est que sur les 48 mètres d'élévation qu'il a au dessus de la Saône, à son origine, il n'y a que 15 m. 74 qui soient utilisés.

Le vallon où coule ce petit ruisseau est totalement inhabité : il n'y a pas d'autres maisons que les trois usines dont il vient d'être parlé. Il est très-étroit et encaissé sur presque toute son étendue, notamment entre la première usine et la dernière ; il n'y a pas dans tout cet espace un seul pré irrigué par le ruisseau. Près de son embouchure dans la Saône, entre la route départementale de Lyon à Trévoux et le chemin de la Croix-Rousse à Fontaine, il y a environ deux hectares irrigués, un jour par semaine, pendant six mois de l'année; et au dessus du moulin Dominjon, entre ce moulin et la source, il y en a 2 ou 3, mais en prés de mauvaise espèce, généralement infestés de joncs et de plantes aquatiques.

Le parcours entier du ruisseau formé par l'eau de source de Ronzier est de 1850 à 1900 mètres.

***

Le résultat de la dérivation de ce ruisseau serait de supprimer le moteur hydraulique de trois petits établissements réunissant entre eux trois un peu moins que la force de 2 chevaux (1,86), sans toutefois mettre à bas l'atelier d'impression sur étoffes établi dans l'usine Guillon.

Son résultat, par rapport à l'agriculture, serait de faire cesser l'irrigation d'environ deux hectares de bon fonds propre à la culture des légumes ou des céréales, et de faire assainir 2 ou 3 hectares de mauvais prés *.

---

* *Note écrite après la clôture du registre d'enquête.*

Relativement à la dérivation de ce ruisseau, qui a son origine sur la lisière du territoire de Sathonay, et qui coule sur celui de la commune de Fontaine jusqu'à son embouchure dans la Saône, *aucune objection n'a été faite* sur le registre d'enquête resté ouvert à la préfecture du Rhône, du 28 décembre 1841, au 28 février 1842.

COURS D'EAU FORMÉ PAR LES SOURCES DE ROYE ,
sur la commune de Fontaine.

Les détails particuliers qui suivent, sur les eaux
de source du clos de Roye appartenant à MM. Coubayon Vetter et comp. et sur l'établissement industriel qui les utilise, sont donnés comme complément
des détails généraux qui font l'objet de cette *Notice*,
et non pour aller au devant des objections des personnes qui s'opposeraient à leur dérivation.

En effet, ces eaux ne traversent pas d'autres propriétés que celles où elles surgissent; et, suivant
l'article 641 du Code civil : « Celui qui a une source
« dans son fonds peut en user à sa volonté, sauf le
« droit que le propriétaire du fonds inférieur pour-
« rait avoir acquis par titre ou par prescription. »
Or, ici il n'y a pas de propriétaire inférieur, et
après le trajet de 350 mètres que font ces eaux en
descendant de la colline où le clos de Roye se déve-
loppe en amphithéâtre, elles ne vont nulle part, si
ce n'est dans la Saône (1). MM. Coubayon et Vetter
pourraient donc, si la chose était physiquement possible, les faire entrer, en une partie quelconque de

(1) M. Jacquemont possède un fonds, le long de la Saône, qui a fait
partie jadis du clos de Roye, et qui, en raison de cela, est arrosé, le
dimanche, par l'eau des sources. Mais c'est le seul qui soit dans ce
cas; et comme M. Jacquemont est adhérent au projet de dérivation de
ces mêmes sources, on aurait pu se dispenser de mentionner cette
circonstance, — si la présente Notice ne devait être un recueil complet
de faits parfaitement exacts.

leur propriété, dans un gouffre où elles se perdraient, sans que personne pût y trouver à redire, ou du moins pût s'y opposer. S'ils ont le droit de les faire entrer dans un gouffre, à plus forte raison ont-ils celui de les faire entrer dans une galerie, qui les conduira à Lyon.

L'indiennerie établie dans le clos de Roye utilise le cours d'eau formé par les sources de ce clos : 1° comme moteur de différents mécanismes, 2° comme moyen de lavage.

La force motrice dont jouit cet établissement est considérable, comparée à celle des usines dont il a été précédemment parlé, dans lesquelles le ruisseau moteur forme une chute qui est généralement de 5 à 8 mètres, et au plus de 12. A Roye, la force motrice utilisable est celle que donne la masse liquide (comparable au volume de la fontaine Lavosne de Neuville), par sa chute totale , de sa source à la Saône, c'est-à-dire en tombant d'une hauteur de plus de 30 mètres. Mais toutes les indienneries de France n'ont pas une semblable chute d'eau ; la plupart d'entre elles ont des machines à vapeur pour faire mouvoir leurs mécanismes , notamment en Alsace, où l'on consomme pour cela des houilles venant de localités plus ou moins éloignées, quelques-unes même venant du bassin de St-Etienne. Une indiennerie placée sur le bord de la Saône, à un myriamètre de l'arrivée des wagons du chemin de fer de St-Etienne, sera toujours, sous ce rapport particulier, dans des conditions préférables à celles où

se trouvent les établissements du même genre, en
Alsace et dans presque tous les autres lieux où il en
existe.

Les eaux du clos de Roye sont certainement précieuses pour le lavage des tissus imprimés. Mais il est
impossible qu'après la dérivation à Lyon des sources
qui sont supérieures au grand réservoir, il ne reste
pas dans le clos encore beaucoup plus d'eaux vives
qu'il n'en faut pour cet emploi. Les sources, en effet,
s'y trouvent à profusion à toutes les hauteurs; et, au
milieu de cette abondance, celles qui sont inférieures
au grand réservoir, et par là même au niveau de
la future galerie devant conduire les eaux à Lyon,
sont négligées et s'écoulent sans fruit dans la Saône;
mais, après la dérivation, elles seront soigneusement
recueillies et amenées au pied de la colline, dans le
canal où s'opère le lavage, et suffiront certainement
à cette destination spéciale. En tout cas, l'une des
cinq grandes rivières de France passant à 10 mètres
de distance le long du clos où est cette indiennerie,
sur environ 1000 mètres d'étendue, son eau pourra
bien suppléer l'eau de source dans les opérations
les moins essentielles de lavage. Sous ce rapport encore, peu d'établissements du même genre sont aussi
favorablement situés.

En résumé: A Roye, l'industrie ne subira aucun
échec par suite de l'exécution du projet de dérivation : on remplacera l'eau des sources dérivées par la
vapeur comme force motrice, et, au besoin, par la
Saône comme moyen de lavage.

L'agriculture ou du moins ce qu'il y a d'important en agriculture dans le clos de Roye n'est pas menacé, non plus, par la dérivation projetée. On sait que cette propriété est, depuis quelques années, le siége d'une remarquable exploitation séricicole, dont la *Société d'Agriculture* de Lyon a suivi et favorisé les progrès, autant qu'il était en elle : sans doute il serait fâcheux que l'exécution d'un projet, même utile, vînt porter atteinte à un établissement qui peut contribuer à donner de l'essor à la production de la soie dans notre contrée, par le salutaire exemple du succès d'une exploitation en grand; mais ce succès, s'il a lieu, ne saurait être attribué aux eaux qui fluent dans le clos, car le terrain planté de mûriers est au-dessus du niveau des sources, et par conséquent n'est pas susceptible d'irrigation (1).

(1) Quelques-uns des hommes publics, sous les yeux desquels ces pièce sont destinées à passer, seront peut-être bien aises de trouver ici quelques énoncés sommaires relatifs à cet établissement, que M. Mathieu Bonafous et M. Robinet, chargé en dernier lieu d'une mission du Gouvernement, considèrent comme le plus avancé de tous ceux de ce genre existant en France. Fondé, il y a quatre ans environ, sous la direction de l'un des associés de la maison Coubayon-Vetter, M. Auguste Vetter, qui auparavant était allé *aux Bergeries*, assister à une éducation chez M. Camille Beauvais, il peut déjà nourrir les vers éclos d'un kilogramme et demi de graines par le produit des plantations faites depuis six ou sept ans seulement. Ces plantations couvrent 13 à 14 hectares, et se composent d'environ 50,000 pieds de mûriers, dont 12,000 à l'état d'arbres (nains, ou à plein vent), 10 à 12,000 à l'état d'arbustes (*multicaules*, ou autres), et le reste à l'état d'herbacées. Il est hors de doute que dans quelques années cet ensemble de végétaux pourra fournir la nourriture à une quantité de vers extrêmement considérable ; mais les dispositions intérieures de la magnanerie et le mode de culture des mûriers (qu'il n'est pas possible de décrire ici), recommandent encore plus cet établissement que l'étendue de ses plantations.

RESUME GENERAL.

1° Sur le territoire de la commune de Neuville et sur celui de la commune de Fontaine, *pas un seul établissement véritablement industriel ne sera mis à bas* par l'exécution de la dérivation des eaux de source, telle qu'elle est projetée.

2° Cette dérivation pourra avoir pour effet : — sur le territoire de Neuville, de supprimer le moteur hydraulique de *trois* moulins à blé, à un tournant chacun, et de diminuer de 2 ou 3/5èmes la force motrice de *trois* autres moulins; — sur le territoire de Fontaine, de rendre inactifs pendant six mois de l'année *deux* moulins semblables aux précédents, et d'en arrêter tout-à-fait *un* plus petit qui ne travaille que 12 à 15 heures sur 24.

Et 3° Comme un moulin à blé ordinaire, à un tournant, n'emploie qu'un seul homme, pour tout le travail de la mouture (1), il résultera de la dérivation projetée que six individus dans la commune de Neuville et TROIS dans la commune de Fontaine seront dans le cas de changer d'occupation, ou de résidence.

(1) Ce n'est pas le propriétaire du moulin et un garçon meunier : c'est l'un ou l'autre; là où le maître meunier travaille lui-même, il n'y a pas besoin de garçon.

On peut ajouter ce qui suit, et le présenter comme parfaitement vrai, quoique paradoxal au premier abord.

Loin de diminuer le nombre des établissements véritablement *industriels* et celui des habitants, dans les communes de Neuville et de Fontaine, l'exécution de la dérivation peut produire un effet contraire. Voici comment : — Les sommes qui seront réparties pour indemnités, entre les meuniers de Fontaine, mettront quelques-uns d'entre eux en état de vaincre des difficultés qui rendent leurs opérations languissantes, et tous ensemble dans le cas d'exécuter des travaux d'art pour recevoir l'eau des Echets en beaucoup plus fort volume, et peut-être même d'une manière permanente ; ce qui aurait nécessairement pour résultat de faire moudre alors plus de grains à Fontaine qu'à présent, et par conséquent d'y occuper plus de monde. — A Neuville, dans les bâtiments des moulins dont la force motrice aura été réduite de 2 ou 3/5, il ne restera plus, il est vrai, de quoi faire aller uu moulin à blé ordinaire *occupant un homme*, mais il y aura suffisamment de force pour faire mouvoir un moulinage de soie même passablement considérable, un atelier de tissage mécanique d'au moins 25 métiers avec tous ses accessoires, *occupant 25 à 30 personnes*, ou bien d'autres établissements trop longs à énumérer employant 10, 20, 30 ouvriers. Or, l'intérêt particulier est actif et intelligent ; et l'homme, ou la compagnie, peu importe, qui sera propriétaire d'une force motrice quelconque résultant d'une chute d'eau, ne négligera aucun des moyens qui peuvent en faire tirer

parti , et multipliera les annonces , les démarches à
ce sujet , jusqu'à que cette force, autrement dit
cette valeur soit utilisée ; ce qui aura lieu certainement , à moins que quelque cause majeure ou quelque influence locale ne s'y oppose. Et , quelle que
soit l'industrie à laquelle on l'applique , elle em-
ploiera plus de bras, groupera plus de personnes
autour d'elle et répandra plus de salaires que ne le
fait un moulin à blé.

Quoi qu'il en soit de ces dernières observations ,
ce qui est incontestable, c'est que le pire résultat
de la dérivation projetée, en ce qui concerne les
usines des territoires de Neuville et de Fontaine ,
aboutit au déplacement ou au changement d'occupation de NEUF individus.

On éprouve quelque embarras à énoncer un tel
résultat , qui paraît bien minime si on le compare à
un autre résultat de la dérivation des eaux de source,
considérée d'un côté différent , si l'on se rappelle ,
par exemple, les paroles suivantes , adressées par le
corps des teinturiers de Lyon à M. le préfet du
Rhône , le 20 juillet 1838.

« . . . .

« Les eaux dont nous nous servons actuelle-
« ment ont le grand inconvénient d'être sujettes
« à des variations auxquelles on ne pourra
« jamais remédier , qui altèrent leur pureté et
« qui changent leur composition. A chaque crue
« de l'une ou de l'autre rivière , nos eaux ne

« sont plus les mêmes, il faut étudier leurs
« modifications d'instant en instant; et, malgré
« tous les soins possibles, il y a certaines cou-
« leurs qui ne peuvent pas se faire comme il
« faut, pendant huit ou dix jours : préjudice
« notable pour la fabrique lyonnaise, qui a
« quelquefois si peu de temps pour exécuter ses
« commandes.

« Ce qui importerait à l'industrie de la tein-
« ture en soie, pour rendre ses opérations
« promptes et sûres, ce serait d'avoir à sa dis-
« position des eaux comme celle de Roye (et de
« Neuville), recueillies à leurs sources, dont,
« par conséquent, la nature est toujours la
« même, et dont la limpidité est tout à la fois
« parfaite et invariable.

« . . . .

« *Vous voudrez bien vous rappeler, Monsieur*
« *le Préfet, que la valeur des soies qui passent*
« *entre nos mains, chaque année, ne s'élève*
« *pas à moins de quatre-vingts millions de*
« *francs* (1); *et qu'il ne serait pas indifférent,*
« *qu'en opérant sur une pareille valeur, nous*
« *eussions quelque possibilité de rendre notre*
« *travail plus sûr et nos produits plus beaux.* »

(1) Un pour cent seulement de cette somme, pendant trois années,
formerait un capital égal à la valeur de toutes les usines dont il vient
d'être question.

PIÈCE N° 5.

Lyon , 10 novembre 1841.

MONSIEUR LE PRÉFET ,

Au nom des propriétaires de sources et d'autres personnes, dont les engagements , déposés entre mes mains, m' autorisent à former la demande suivante, comme représentant de la Société, qui, pour satisfaire aux besoins hygiéniques et industriels de la population lyonnaise , exécutera le projet de dérivation et de distribution d'eaux de source à Lyon, après s'être constituée sous forme de *Société anonyme* , aussitôt que l'approbation supérieure de ce projet lui aura permis d'avoir une existence définitive et légale ;

J'ai l'honneur d'invoquer le haut pouvoir dont vous êtes revêtu , à l'effet d'obtenir l'autorisation nécessaire pour *dériver par une galerie souterraine* , conforme au profil et au tracé qui vous ont été remis, *les sources officiellement jaugées, en vertu d'un arrêté de M. le Préfet du Rhône votre prédécesseur, de Roye à Neuville , en tant que de besoin , après avoir dûment indemnisé tous ceux à qui cette dérivation pourrait être préjudiciable, et pour distribuer l'eau de ces sources à ceux à qui elle conviendrait, suivant des prix* dont la nomenclature détaillée et le mode de perception ne sauraient être fixés dès à présent d'une manière irrévocable , mais *qui dans tous les cas ne dépasseraient pas ceux indiqués ci-dessous* :

o f. o7 c. par jour, un hectolitre d'eau destinée aux *emplois de ménage.*

o f. o5 c. pour chaque hectolitre en sus du premier pour *emplois de ménage.*

2 f. oo c. le module (soit 2 c. par jour l'hectolitre) d'eau livrée aux ateliers , pour *emplois d'industrie ;*

1 f. oo c. le module (soit 1 c. par jour l'hect.) d'eau fournie pour *service public.*

Les deux premières cotes (7 c. pour un hectolitre et 5 c. pour chacun de ceux en sus) sont extraites d'un tarif qui avait reçu l'approbation de la municipalité de Lyon, il y a trois ans. La troisième cote (2 fr. le module d'eau) ne s'y trouvait pas, mais elle paraît indispensable, pour qu'aucun établissement important ne puisse être exposé à se passer d'une eau éminemment apte aux emplois d'industrie, ou bien à la payer (au prix de 5 c. par jour l'hect.) 1825 fr. par an le module, au lieu de 73o fr. et même moins.

La dernière cote, savoir 1 fr. par jour le module, est le prix qui est payé en ce moment par la ville de Lyon, pour 5o modules d'eau puisée dans la rivière et livrée aux fontaines, où les habitants vont la prendre, sans clarification et sans modification de température.

Sans doute les magistrats municipaux de l'agglomération lyonnaise, dans un intérêt purement
communal et financier aussi bien que dans un intérêt
de salubrité publique et d'économie domestique, ne
négligeront pas d'employer soit des mesures administratives, soit des moyens de persuasion, pour faire
parvenir dans les maisons particulières la plus grande
quantité possible d'une eau toujours également
fraîche et limpide, qui pourvoirait largement à tous
les besoins d'alimentation et de lavage, et, malgré
une légère rétribution, constituerait un avantage
pour les habitants, en les dispensant de perdre un
temps considérable pour aller chercher loin de chez
eux cette nécessité de la vie ; ce qui rendrait à peu
près superflue l'eau débitée par des fontaines placées
çà et là dans les rues. En ce cas, il n'y aurait lieu à
aucune dépense municipale de ce genre, si ce n'est
peut-être pour quelques fontaines monumentales,
destinées à orner des places ou des édifices. Quoi
qu'il en soit, les quantités désirées pour service
public seraient fournies suivant des prix dont le
maximum n'excéderait pas le taux qui vient d'être
indiqué.

Vous voudrez bien remarquer, M. le Préfet, que
la Société dont je suis l'organe ne demande ni monopole plus ou moins long pour les fournitures
qu'elle sera dans le cas de faire, ni privilége exclusif
pour l'eau de ses sources, ni aucune faveur particulière quelconque, en retour de la grande amélioration qu'elle introduira dans la cité, et dont l'effet
sera nécessairement d'augmenter la salubrité et le

bien-être dans l'intérieur de la ville et des habitations, probablement même d'y allonger de plusieurs années la durée moyenne de la vie humaine. Après la dérivation des eaux de source du versant occidental du plateau de la Dombe, tout le monde restera libre d'y faire venir et d'y distribuer des eaux d'origine et de nature différentes, s'appliquant à toute espèce d'emploi. Il n'y aura donc, par le fait de la création de l'entreprise dont il s'agit, aucune atteinte, aucune dérogation à la faculté pour chaque citoyen de se servir à son gré des eaux qui existent actuellement à Lyon, et de celles qui peuvent y être amenées par la suite. Or, vous voudrez bien le reconnaître, M. le Préfet, si cette entreprise ne confère aucun privilége à la Société qui l'exécutera, il n'y a pas lieu de lui imposer des charges, ni de limiter sa durée.

Vous avez maintenant entre les mains, Monsieur le Préfet :

1° Des travaux scientifiques qui constatent, d'une manière authentique, l'excellence de l'eau des sources qu'il s'agit de dériver, pour satisfaire à des besoins de premier ordre de la population lyonnaise, qui n'a généralement à sa disposition que des eaux de mauvaise qualité;

2° Des détails, entièrement conformes à la réalité des choses, qui établissent que la dérivation projetée ne causera, dans les lieux où coulent actuellement les sources, aucun préjudice qui ne puisse être préalablement et complètement réparé ;

3o L'Avant-Projet, le Mémoire descriptif et les

autres pièces qui se rapportent à l'exécution maté-
rielle de la dérivation et de la distribution de l'eau
de ces sources ;

4º Enfin , l'exposé de l'opinion du premier magistrat municipal de la ville de Lyon , qui hâte de
ses vœux l'exécution de cette entreprise , dans
l'intérêt général de ses administrés.

Après examen de toutes ces pièces , et par suite de
l'appréciation des résultats qu'on peut attendre, sans
nulle compensation fâcheuse, de la dérivation et de
la distribution des eaux de source à Lyon, vous voudrez bien, Monsieur le Préfet, en reconnaître officiellement l'*utilité publique*, et prendre les mesures administratives qui en seront la conséquence. C'est ce
que j'ai l'honneur de vous demander avec respect et
confiance , au nom des personnes qui concourront à
fonder cette grande entreprise.

Veuillez agréer , M. le Préfet , l'expression respectueuse des sentiments de la plus haute considération , avec lesquels je suis ,

Votre très-humble serviteur ,

Signé : BONAND.

PIÈCES

RELATIVES A

L'OUVERTURE DE L'ENQUÊTE PUBLIQUE,

PRESCRITE PAR L'ADMINISTRATION SUPÉRIEURE ,

SUR

LE PROJET DE DÉRIVATION

D'EAUX DE SOURCE ,

A LYON ,

OU

PROVOQUÉES PAR CETTE ENQUÊTE.

M. le Préfet du Rhône, après avoir pris connaissance des pièces qui précèdent et après les avoir soumises, avec son propre avis, à M. le Ministre de l'intérieur, a fait ouvrir une enquête publique sur le
projet auquel elles se rapportent, en l'annonçant par
l'affiche suivante.

Préfecture du Rhône. — Enquête administrative.

Le Conseiller d'état, Préfet du Rhône, donne avis, qu'il a été présenté à l'administration un avant-projet, qui consiste à dériver, par une galerie souterraine, des sources officiellement analysées et jaugées en 1838, sur l'espace qui s'étend depuis et y compris le clos de Roye, commune de Fontaine, jusqu'au vallon de Torrières, commune de Neuville, pour les faire servir aux besoins hygiéniques et industriels de la population lyonnaise, sauf à indemniser, préalablement, toutes personnes auxquelles cette dérivation pourrait être préjudiciable.

Une enquête est ouverte sur cet avant-projet, conformément aux dispositions de l'ordonnance royale du 18 février 1834.

A cet effet, les pièces sont déposées dans les bureaux de la préfecture du Rhône (2e division) : toutes personnes peuvent en prendre connaissance et consigner sur un registre spécial, qui a été ouvert à cet effet, les observations qu'elles auraient à produire, notamment en ce qui concerne l'utilité publique de l'entreprise projetée.

La durée de cette enquête est fixée à deux mois : en conséquence le registre sera clos le 28 février prochain et remis aussitôt à MM. les membres de la commission formée en exécution de l'article 4 de l'ordonnance précitée.

Lyon, hôtel de la préfecture, le 28 décembre 1841.

Le Conseiller d'Etat, Préfet du Rhône,

H. JAYR.

De son côté, M. le Préfet de l'Ain a dû faire ouvrir aussi une enquête sur le même projet, par la raison que le tracé de l'aqueduc projeté effleure le département de l'Ain sur environ 1,500 mètres du territoire de la commune de Montanay, et 500 mètres de celui de Sathonay, faisant partie de ce département. Les sources du ruisseau de Ronzier surgissent d'ailleurs sur le territoire de cette dernière commune.

Dans l'intervalle qui s'est écoulé entre le 28 décembre et le 28 février, le registre ouvert à l'hôtel de la préfecture du Rhône a reçu 71 oppositions, qui, jointes aux délibérations de quatre conseils municipaux et à trois réclamations collectives, signées à domicile dans les communes de Neuville, de Fleurieux, de Cailloux et de Fontaine, forment le nombre total de 78 oppositions, réunissant en tout 688 signatures, parmi lesquelles 459 appartiennent à six communes rurales, et 229 à la ville de la Croix-Rousse. Beaucoup de signatures, placées sur le registre à la suite de dépositions qui y sont inscrites, se retrouvent encore sur les pièces collectives dont il vient d'être parlé; néanmoins, elles ont été toutes comptées, sans défalcation, dans la nomenclature qui précède.

Les six communes ont entre elles, d'après le dernier recensement, une population de 10,342 habitants; la Croix-Rousse en compte 18,790. Il résulte de ces chiffres, rapprochés de ceux énoncés ci-dessus, que les opposants au projet de dérivation sont dans la proportion de 1 habitant sur 22 dans les communes rurales, et de 1 sur 82 à la Croix-Rousse.

La ville de Lyon a fourni un opposant, qui est venu s'inscrire contre le projet, attendu, a-t-il dit, qu'il aurait pour but d'enlever les eaux de la Grande-Côte.

Comme il n'est guère possible de rapporter ici tous les dires consignés sur le registre d'enquête, et qu'il y aurait quelque inconvénient à faire un choix parmi eux, le meilleur moyen à employer pour donner une idée exacte des raisons alléguées contre le projet de dérivation d'eaux de source à Lyon, c'est de reproduire textuellement les délibérations des conseils municipaux de toutes les communes qui ont jugé à propos de s'y opposer, lesquelles sont au nombre de quatre :

Neuville,
Rochetaillée,
Cailloux,
et Caluire.

DÉLIBÉRATION DU CONSEIL MUNICIPAL

DE LA COMMUNE

DE NEUVILLE-SUR-SAONE.

L'an mil huit cent quarante-deux, le dix-neuf janvier, heure de onze du matin, le conseil municipal de la commune de Neuville-sur-Saône, convoqué, extraordinairement par M. le maire, en vertu d'une circulaire de M. le préfet du Rhône, à la date du 14 courant. Présents : MM. Tramoy, président, Morel, Ducrot, J. Rozet, Degnin, Saillard, De-boille, Garnier, Mauriat, Chassin et Bouillier, secrétaire.

Vu sa délibération du 13 mai 1840;

Vu sa délibération du 30 août dernier;

Vu copie de la lettre adressée par M. le maire de Neuville à M. le maire de Lyon le 7 septembre 1841;

Vu la réponse de M. le maire de Lyon à la lettre précitée;

Vu l'enquête administrative, ouverte dans les bureaux de la 2ᵉ division, en vertu d'un arrêté de M. le Préfet du Rhône à la date du 28 décembre dernier;

Le conseil réuni, appelé à délibérer sur l'objet le plus grave et le plus important qui puisse être soumis à ses méditations, au milieu d'une population inquiétée et désespérée, faisant droit aux réclamations des familles industrieuses que la consommation du projet conçu priverait de toute espèce de ressource et ruinerait infailliblement;

Considérant que rien n'est moins certain que le droit de propriété, que les prétendus vendeurs des eaux de Neuville s'étaient attribués;

Considérant au contraire que la propriété de ces eaux n'est pas suffisamment établie, ainsi qu'il en sera justifié;

Considérant que la sollicitude des ancêtres de M. de Boufflers, propriétaire de l'ancien parc, et celle des anciens possesseurs n'a jamais cessé de s'étendre sur les intérêts des habitants de Neuville, leur commerce et leur industrie ;

Considérant que dans l'exécution d'un projet de la nature de celui-ci, l'on doit plutôt avoir égard aux besoins les plus essentiels d'une population pauvre qu'aux spéculations de quelques individus isolés ;

Considérant, en définitive, que le premier magistrat d'un département est le seul protecteur possible d'une population dans la misère ;

Le conseil délibérant est d'avis à l'unanimité de ses membres présents, les membres absents ayant des causes suffisantes de dispense et d'exemption, que rien ne serait plus préjudiciable et plus désastreux que l'exécution de ce projet. Le conseil proteste conséquemment de la manière la plus expresse contre la mesure proposée, s'opposant formellement à toute espèce de tentative qui aurait le même but ;

Sous toutes réserves de droit, notamment sous la réserve individuelle des membres du conseil de protester et de s'opposer à l'exécution du projet de dérivation et d'enlèvement des eaux de Neuville.

Le conseil a également décidé à l'unanimité qu'il serait porté au budget, comme allocation urgente, les fonds nécessaires aux oppositions ultérieures à former ou à renouveler, pour empêcher l'accomplissement des desseins des auteurs du projet.

Fait et délibéré à Neuville, en présence des membres susdénommés, M. Boullier, l'un d'eux, ayant été nommé secrétaire par la voie du scrutin, les jour, mois et an que dessus ; signé, après lecture faite : J. Chassin, Dognin,

J. Mauriat, Deboille Rodrigue, Jacques Rozet, Saillard, Ducrot, Garnier, Morel, Boullier et Tramoy, qui a signé en sa qualité de maire seulement, et sous la réserve expresse de ses droits comme propriétaire du cours d'eau dont s'agit.

Pour extrait conforme et collationné.

Neuville sur-Saône le 20 janvier 1842.

Le Maire de Neuville, Signé : TRAMOY.

Lettre de M. le Maire de Neuville à M. le Préfet du Rhône, en lui adressant la délibération précédente.

Neuville-sur-Saône, 21 janvier 1842.

MONSIEUR LE PRÉFET,

J'ai l'honneur de vous adresser ci-joint l'expédition de la délibération du conseil municipal relative à la dérivation des eaux de Neuville, prise le 19 du courant en assemblée extraordinaire, en suite de votre lettre du 14 de ce mois.

Vous remarquerez, M. le Préfet, que j'ai apposé ma signature au bas de cette délibération, mais en faisant toutes réserves pour mes droits comme propriétaire du cours d'eau. Je me serais même abstenu de toute participation à cet acte, si je n'avais cru qu'il devait avoir lieu à la majorité et non à l'unanimité, ainsi que je l'ai remarqué en en prenant lecture plus attentive après la séance. Je désapprouve formellement les deux premiers considérants, desquels il résulte que la commune met en doute les droits des propriétaires anciens et actuels des eaux de Neuville, tandis qu'il est au contraire reconnu que ces droits sont établis par des titres clairs, précis et incontestables.

7

Du reste, je reconnais avec le conseil municipal que le détournement des eaux causerait un préjudice considérable à la commune de Neuville ; je suis prêt à faire dans l'intérêt de la commune toutes démarches, à prendre toutes les mesures administratives pour empêcher la dérivation projetée, en tant, cependant, que tout ce qui sera fait à ce sujet ne préjudiciera en rien à mes droits comme propriétaire du cours d'eau.

Veuillez, M. le préfet, en raison des explications personnelles que contient la présente, m'en accuser réception, et agréer, etc.

Le maire de Neuville,

Signé : Tramoy.

DÉLIBÉRATION DU CONSEIL MUNICIPAL

DE LA COMMUNE

DE ROCHETAILLÉE.

Le conseil municipal de la commune de Rochetaillée, réuni sous la présidence du maire, dans sa première session ordinaire de l'exercice courant, ce jour d'hui sept février 1842 ;

Le président a mis sous les yeux de l'assemblée l'avis de l'enquête administrative ouverte par M. le conseiller d'état, Préfet du Rhône, sur l'avant-projet présenté à l'administration, de dériver, par une galerie souterraine, les eaux de Fontaine jusqu'au vallon des Torrières, commune de Neuville, pour les faire servir aux besoins de la population lyonnaise ; et il a invité le conseil à émettre son opinion sur le résultat probable de ce projet.

Le conseil, après en avoir délibéré,

Considérant que la position topographique de Rochetaillée démontre que les eaux qui alimentent ses sources proviennent de Cailloux-sur-Fontaine, ou même du vallon des Torrières; qu'une galerie souterraine creusée entre ces lieux et la commune, dans la direction du sud au nord, en détournera nécessairement le cours; que dès lors par l'exécution du projet présenté, Rochetaillée se trouvera privé de ses eaux potables et que cette perte entraînera la ruine surtout des maisons placées sur les hauteurs de la commune;

Déclare, à l'unanimité, au nom de la commune, former opposition à l'adoption dudit projet, et faire toutes ses réserves pour le cas très-fâcheux où il serait mis en pratique.

Signé au registre des délibérations du conseil : François Valançaut, R. Chaine, Sauteur, Roubier, F. Chaine, J.-L. Soleil, F. Pernoux, P.H. Laga, F. Rougemont, secrétaire, et P.-A. Henry, maire.

Ampliation certifiée conforme :

Le maire de Rochetaillée,

P.-A. HENRY.

DÉLIBÉRATION DU CONSEIL MUNICIPAL

DE LA COMMUNE

DE CAILLOUX-SUR-FONTAINE.

L'an mil huit cent quarante-deux et le neuf février, le conseil municipal de la commune de Cailloux-sur-Fontaine, convoqué d'après le recueil administratif, n° 2, à l'effet de tenir sa première session triennale de février, sous la présidence de M. le maire, où se sont trouvés présents MM. Rogain, Jean; Bouzard, Pierre; Chatanay, Antoine; Vernange, Pierre; Métra, François; Rivière, Claude; Lalive, Jean; Lalive, François; et Nicolet, Claude; le conseil, à la majorité des suffrages, a élu le sieur Nicolet secrétaire.

Considérant qu'il est à la connaissance du conseil municipal, qu'il existe une société anonyme ayant le projet de dériver les eaux de source de Neuville en traversant la commune de Fleurieux, celle de St-Martin de Fontaine par le hameau de Majoint, du David et des Guettes et le canton des Rouelles, de là à la commune de Caluire par le hameau des Mercières et Vassieux , pour les conduire au Jardin des Plantes, lieu de leur destination;

Considérant que la société anonyme nous laisse à deviner son projet pour ce qui concerne la commune de Cailloux ; la compagnie anonyme serait obligée de faire un second tunel à partir du premier au hameau des Guettes dans la grande colline de la commune de Cailloux et le poursuivre jusque près l'issue de la commune; elle serait donc en outre obligée de pratiquer d'autres tunels qui iraient trouver toutes les mères sources. Voilà le projet que nous avons deviné; sans cela point d'eau claire et point d'eau potable.

Considérant que la compagnie des tunels paraîtrait vouloir ignorer que l'eau des sources de Cailloux traverse la voie publique sur plusieurs points, et qu'elles sont souillées de toutes les immondices du village, et que le projet caché nous donne à croire qu'elle ne peut trouver des eaux potables que dans la commune de Cailloux ; alors que deviendrait notre belle commune, si nous étions privés des eaux comme nous en sommes hautement menacés, notre commune qui possède à la fois moulin, pressoir à huile, quantité de routoirs, lavoir public, abreuvoir pour les bestiaux , puisage de puits pour arroser , et une contenance d'environ vingt hectares de prés qui sont arrosés par les eaux de la commune?

Notre commune si bien dotée qu'il n'y a pas un seul pied de terrain dans lequel on ne puisse trouver de l'eau, alors que deviendrait-elle? un lieu de désert que le riche fuira, l'artisan et l'industriel ne trouvera plus de quoi s'occuper.

Le conseil municipal, au nombre de dix membres présents, s'oppose de toutes ses forces au projet des tunels, attendu que les eaux appartiennent aux propriétaires de Cailloux, et non aux propriétaires d'usines, comme ils ont osé hautement l'avouer, attendu que plusieurs propriétaires ont le droit de s'en servir trente-six heures par semaine;

Considérant qu'il arrive des années où les propriétaires de la Bresse viennent abreuver leurs bestiaux dans le riche vallon de notre commune, tel que la commune de Sathonay et Miribel, hameau des Echets;

Considérant que si nos moulins sont détruits, que deviendront les pauvres gens qui vont souvent au moulin avec un décalitre de froment pour faire moudre, et qui n'ont point de bestiaux pour transporter leurs marchandises dans les communes éloignées?

Fait et signé les jour, mois et an susdits.

Le maire demeure chargé de la présente délibération.

Signé sur la délibération : Vernange, Pierre; Nicolet, Claude; Bouzard, Pierre; Rivière, Claude; Chatanay, Antoine, adjoint; Rognin, Jean-Baptiste; Lalive, François; Lalive, Jean-Marie.

BAUJOLIN, maire.

DÉLIBÉRATION DU CONSEIL MUNICIPAL.

DE LA COMMUNE

DE CALUIRE ET CUIRE RÉUNIS

Cejourd'hui 17 mai 1840, à l'heure de midi, le conseil municipal de la commune de Caluire et Cuire réunis, étant assemblé à la mairie, salle ordinaire de ses séances, pour la continuation de la session légale de mai, ensuite de la convocation de M. le maire et sous sa présidence, étaient présents MM. Coste, Perrin, Fays, Vette, de Bornes, Olivier, Feraud, Vidalin, Nugues, Guy, Reverchon, Mandot, Rousset, Durand, Dumond, et Chanet;

M. le maire présente au conseil municipal une pétition revêtue d'un grand nombre de signatures des habitants des sections de Caluire et Cuire, par laquelle ils exposent qu'une Compagnie lyonnaise se propose de faire arriver les eaux de Roye à Lyon, au moyen d'un tunel, mais que dans la crainte de voir se tarir les puits et fontaines de la commune par ces travaux souterrains, ils demandent avec instance que l'administration de la commune de Caluire s'oppose à cette entreprise projetée.

Le Conseil municipal,

Prenant en considération la demande des habitants de ces deux sections, autorise M. le maire à se pourvoir contre cette entreprise projetée, le cas échéant, par tous les moyens légaux et approuve d'avance toutes les dépenses qui pourraient être faites à ce sujet.

Fait, délibéré et clos les jour, mois et an susdits.
Pour copie certifiée conforme au registre,

Caluire, le 18 janvier, 1842

le Maire, P. JOUVE.

Ce jourd'hui dimanche 13 février, 1842, le conseil municipal de la commune de Caluire et Cuire, étant assemblé à la mairie, ensuite de la convocation de M. le maire et sous sa présidence, étaient présents MM. Perrin, Raymond, Pitton, Reverchon, Feraud, Nugues, Guy. Demingeon, Durand,

Vidalin, Plantier, Brunier, Lagrange, Fays, De Bornes, Ayné, Perret et Chanet, ce dernier nommé secrétaire.

M. le maire annonce l'ouverture de la première session légale de cette année et donne lecture au conseil d'une lettre de M. le Préfet, en date du 10 courant, relative à l'enquête ouverte sur le projet de dérivation des eaux des sources de Neuville et de Roye, pour les diriger à Lyon, et dans laquelle ce magistrat donne des explications, pour faire connaître les erreurs qui se propagent parmi les habitants des communes où doit passer l'aqueduc destiné à conduire ces eaux.

Le conseil municipal, quoique bien persuadé que la décision de ce projet ne sera rendue qu'en ménageant tous les droits des propriétaires, et qu'il ne sera porté atteinte à aucun intérêt légitime, est d'avis d'y former opposition, principalement pour la partie orientale de la commune de Caluire, comprenant les hameaux des Mercières, de Vassieux, des Brosses, et Margnoles où doit passer la galerie, et prie en conséquence M. le maire de se présenter avant le 28 de ce mois à la préfecture, et lui donne tous pouvoirs de signer au nom de la commune l'opposition, ainsi qu'il y était déjà autorisé par la délibération du 17 mai 1840.

Fait et délibéré à Caluire, les jour, mois et an susdits, et ont les membres présents signé.

Pour copie conforme au registre.

Caluire le 24 février, 1842.

Le Maire, P. JOUVE.

Pendant la durée de l'enquête publique , ouverte
à peu près en même temps dans les bureaux de la
préfecture de l'Ain et dans ceux de la préfecture du
Rhône, et qui a fini au commencement du mois de
mars 1842, Messieurs les Préfets de ces deux départements ont dû s'occuper de l'exécution des articles
4 et 6 de l'ordonnance royale du 18 février 1834,
qui contiennent les dispositions suivantes :

« 4. Il sera formé, au chef-lieu de chacun des dé-
« partements que la ligne des travaux devra traverser,
« une commission.....

« Les membres et le président de cette commission
« seront désignés par le préfet.....

« 5. (Voyez-en le texte à la page 2 de ce recueil de
« pièces).

« 6. A l'expiration du délai qui sera fixé en vertu
« de l'article précédent, la commission mentionnée à
« l'article 4 se réunira sur le champ ; elle examinera
« les déclarations consignées aux registres de l'enquête;
« elle entendra les ingénieurs des ponts et chaussées
« et des mines, employés dans le département , et ,
« après avoir recueilli, auprès de toutes les personnes
« qu'elle jugera utile de consulter, les renseignements
« dont elle croira avoir besoin, elle donnera son avis
« motivé, tant sur l'utilité de l'entreprise, que sur les
« diverses questions qui auront été posées par l'admi-
« nistration. »

M. le Préfet de l'Ain a formé ainsi qu'il suit la
Commission chargée de résumer l'enquête ouverte
dans son département :

M. Durand de chiloup, membre du conseil géne-
ral du département de l'Ain ,

M. Didier , membre du conseil d'arrondissement
de Bourg ,

M. Praire , membre du conseil d'arrondissement
de Trévoux ,

M. Rodet , membre du conseil de préfecture de
l'Ain ,

M. Tornier , membre du même conseil ,

M. Morellet , maire de la ville de Bourg ,

M. Jayr , membre du conseil municipal de Bourg,

M. Hudellet , membre du même conseil ,

M. Bodin, propriétaire à Montribloud , commune
de Saint-André de Corcy.

La présidence a été déférée à M. Durand de Chiloup.

On ne saurait s'empêcher de faire la remarque
qu'une Commission ainsi composée offrait, sous tous
les rapports , et au plus haut degré , les conditions
nécessaires pour que ses avis pussent être également
adoptés par le gouvernement, par les populations et
toutes les personnes intéressées.

La même remarque s'applique à la Commission
composée par M. le Préfet du Rhône , malgré la
double difficulté que ce magistrat a dû rencontrer dans
la nécessité d'y réunir tous les genres de notabilité ,
et de ne désigner cependant pour en faire partie
aucun des savants ou citoyens notables qui déjà ont
émis une opinion sur le projet de dérivation d'eaux
de source , comme membres d'une Commission pré-

cédente, ni, autant que possible, aucun de ceux qui
sont dans le cas d'avoir à en émettre une, plus tard,
comme membres d'un corps, administratif ou autre,
appelé par le cours ordinaire des formalités légales à
prendre quelque délibération à son sujet.

Voici quels sont les choix faits par M. le Préfet:
(suivant les énonciations de l'arrêté de ce magistrat,
le conseil général du département du Rhône y est représenté par trois nominations, le conseil d'arrondissement de Lyon par deux, l'académie royale des
sciences, belles-lettres et arts de Lyon également par
deux, et la société royale d'agriculture, histoire naturelle et arts utiles de Lyon aussi par deux.).

M. PERMESEL, membre du conseil général du département,

M. ORSEL, membre du même conseil,

M. CORCELETTE, membre du même conseil,

M. le docteur JANSON, membre du conseil d'arrondissement de Lyon, ancien chirurgien-major
de l'Hôtel-Dieu, professeur à l'Ecole de médecine, président des bureaux de bienfaisance
de Lyon,

M. JAQUEMET, membre du conseil d'arrondissement de Lyon, juge au tribunal civil,

M. ACHARD-JAMES, membre de l'académie, président à la cour royale de Lyon,

M. BONNARDET, membre de l'académie, membre
de la commission des prisons,

M. PUVIS, membre de la société d'agriculture de
Lyon, ingénieur en chef des mines,

M. le docteur Bottex, membre de la société d'agriculture, médecin en chef à l'hospice de l'Antiquaille,

M. Delphin, ancien député du Rhône, ancien magistrat municipal de Lyon,

M. Trochu, membre du conseil général de l'agriculture du royaume, investi de fonctions relatives aux subsistances de la 7me division militaire, dont l'Etat-major réside à Lyon.

M. Frèrejean, manufacturier, membre du conseil d'administration de l'Ecole la Martinière,

M. Durieu, conseiller à la cour royale de Lyon, membre du conseil d'administration de l'hospice de l'Antiquaille,

M. le docteur Martin, président du conseil de salubrité du département, ex-chirurgien-major de l'hospice de la Charité, ex-président de la société de médecine de Lyon.

La présidence de la Commission a été déférée à M. Permesel.

La liste qui précède s'est réduite de deux noms, M. Orsel et M. Delphin, n'ayant pu, pour cause de maladie, accepter leur nomination.

M. le Préfet, usant de la faculté mentionnée à la fin de l'article 6 de l'ordonnance du 18 février 1834, a saisi la Commission non seulement de la question fondamentale de savoir s'il y a utilité publique à exécuter l'entreprise projetée, mais, de plus, d'une série de questions, embrassant les principales considérations,

légales, administratives, économiques, qui se rapportent à l'exécution de cette entreprise ; le programme
en a été transmis à M. le président de la Commission,
avant le commencement de ses travaux.

C'est le 10 mars 1842 qu'a eu lieu la séance d'ins-
tallation de la Commission, dans l'une des salles de
l'hôtel de la préfecture.

Toutes les pièces qui précèdent lui ont été soumises , avec le registre et les diverses autres pièces
adressées à M. le préfet pendant la durée de l'enquête
publique.

La Commission a également pris connaissance des
observations suivantes , qui ont été écrites sur le registre d'enquête, à la suite des différentes déclarations
faites dans l'intervalle écoulé entre le 28 décembre
1841 et le 28 février 1842.

OBSERVATIONS

INSCRITES SUR LE REGISTRE D'ENQUÊTE,

A LA SUITE DE CELLES QUI ONT ÉTÉ PRÉSENTÉES SUR OU CONTRE

LE PROJET DE DÉRIVATION

D'EAUX DE SOURCE

A LYON

PENDANT L'ENQUÊTE PUBLIQUE,

Du 28 décembre 1841 au 28 février 1842.

OBSERVATIONS

SUR CELLES AUXQUELLES A DONNÉ LIEU

L'ENQUÊTE PUBLIQUE

OUVERTE A L'HOTEL DE LA PRÉFECTURE DU RHONE,

SUR LE PROJET DE DÉRIVATION

D'EAUX DE SOURCE.

Les observations faites sur le registre d'enquête contre le projet de dérivation d'eaux de source à Lyon, n'étant pas toutes de même nature et de même importance, doivent être divisées pour être examinées séparément.

Il y a, d'une part, les réclamations des communes, et, d'autre part, les dires des particuliers.

Les communes qui ont réclamé, par l'organe de leurs conseils municipaux, sont les suivantes :

Neuville,

Rochetaillée,

Cailloux-sur-Fontaine,

Caluire.

Il faut en retrancher tout d'abord Rochetaillée, de même que la commune de Fleurieux, qui n'a

pas formé d'opposition, il est vrai, mais dont quelques habitants ont adressé à M. le Préfet une réclamation collective. En effet, les conseillers municipaux ou simples habitants de ces deux communes,
sur le sol desquelles ne passe aucun des cours d'eau
à dériver, témoignent de l'inquiétude et font des
protestations seulement au sujet des petites sources
et des eaux de puits existant dans l'enceinte de leur
territoire, et dont ils redoutent le détournement par
suite du creusement de la galerie de dérivation.
Mais Rochetaillée et Fleurieux sont situés au pied de
la colline qui domine la Saône, et *inférieurement au*
niveau de l'acqueduc qui conduira les sources dérivées du vallon des Torrières à Lyon. Or, s'il arrivait,
ce qui ne paraît nullement à craindre, que les travaux de percement qui seront pratiqués à une assez
grande distance de ces deux villages (par exemple à
1 kilomètre 1/2 de Rochetaillée), vinssent à détourner les eaux de source ou de puits servant aux besoins des habitants, il est hors de doute que, dans
ce cas, la Société de dérivation s'empresserait, ou, à
défaut, serait contrainte d'établir une ou plusieurs
rigoles, partant de la galerie et amenant sur les points
les plus convenables des eaux qui seraient jaillissantes, et par là seraient bien préférables à celles
que ces communes auraient perdues, puisque ces
dernières eaux étant, pour la plupart, au fond des
puits, nécessitent un travail quelconque pour être
élevées à la surface du sol.

Ainsi, ces deux communes n'éprouveront probablement, par suite du creusement de la galerie,

aucun dommage, aucun changement dans les conditions où elles se trouvent relativement aux eaux dont
elles se servent; et dans le cas contraire, elles n'auraient qu'à se féliciter des conditions bien préférables
où elles seraient placées, plus tard, ayant des eaux
jaillissantes à la place de leurs eaux de puits.

Il n'y a donc pas lieu de s'occuper, pour le moment, de Fleurieux et de Rochetaillée.

Restent *Neuville*, *Cailloux* et *Caluire*, dont il faut
apprécier les réclamations. Leurs observations portent :

1° Sur un droit de propriété attribué aux communes, en vertu duquel elles pourraient mettre obstacle à la dérivation des sources qu'il s'agit d'amener à Lyon;

2° Sur le tort que causerait la dérivation aux localités où coulent les eaux de ces sources, par la suppression d'établissements à qui elles servent de force
motrice, et par l'état d'aridité auquel seraient exposés les lieux actuellement arrosés;

3° Sur le danger qu'il y aurait à ce que les travaux
de percement de la galerie, ou tunel, ne détournassent
les eaux souterraines qui forment les sources de la
colline le long de la Saône, et qui alimentent les
puits situés sur le plateau.

NEUVILLE.

Observations relatives au droit de propriété attribué aux communes, et à la suppression de quelques établissements à chute d'eau.

La commune de Neuville possède, en toute propriété, une source rapprochée du bourg et dont le produit est consacré aux fontaines publiques, par suite d'un acte émanant de Mme Villeroy de Luxembourg, marquise de Neuville : il n'est nullement question d'y toucher.

Quant aux autres sources, plus importantes par leur volume et plus éloignées, qui surgissent dans le vallon des Torrières, elles sont, suivant les termes du Code, à ceux chez qui elles prennent naissance et qui peuvent en disposer, sauf les droits des propriétaires inférieurs de prés ou d'usines. Les uns et les autres, c'est-à-dire ceux chez qui elles naissent et ceux chez qui elles coulent ensuite, sont devenus, eux ou leurs prédécesseurs, propriétaires de leurs fonds ou de leurs usines et des droits y attachés, en les acquérant à titre onéreux du marquis de Neuville, qui en disposait lui-même comme de biens patrimoniaux. Quelques-unes de ces acquisitions sont antérieures à la révolution française, d'autres lui sont postérieures ; il y en a de 1808.

Mais, indépendamment des droits positifs confé-

rés par ces contrats de vente, les marquis de Neuville, possesseurs de l'ancien parc, n'ont-ils pas fait
quelque donation ou cession de droits à la commune
relativement aux cours d'eau formés par les sources
dont la dérivation est projetée, ou du moins quelques réserves en sa faveur, comme sembleraient l'indiquer plusieurs des observations inscrites sur le registre d'enquête? Nullement. Les auteurs de ces observations, ceux même qui ont mentionné des
titres, ont fait confusion : ils ont pris pour des réserves faites en faveur de la communauté des habitants de Neuville, les stipulations indispensables par
lesquelles les marquis de Neuville, vendant une terre
ou une usine supérieure, par son niveau, à une usine
ou une terre vendue précédemment, imposaient au
dernier acquéreur l'obligation de ne pas détourner
ni laisser perdre les eaux, afin qu'elles continuassent
de passer dans les fonds ou sur les moulins de ceux à
qui ils avaient fait auparavant des ventes semblables,
et envers qui ils s'étaient engagés, bien entendu, à
leur maintenir le cours des eaux, sans quoi il est
évident qu'aucune de ces ventes n'aurait eu lieu.

Ainsi, on a mal à propos attribué à la commune
des réserves qui ont été faites en faveur des usiniers
seulement, à l'exclusion ou du moins sans s'occuper des autres habitants de Neuville.

Si donc, comme cela a été dit déjà, les propriétaires des fonds où surgissent les sources et ceux des
terres et des usines qui les utilisent pour irrigation
et force motrice, ou ceux qui seront à leurs droits,

veulent en disposer pour les faire entrer dans une galerie qui les conduira du côté de Lyon, au lieu de les diriger comme à présent dans le lit de la Saône, à l'extrémité du territoire de Neuville, ils en ont la faculté incontestablement. Ce qui le prouve, entre autres choses, c'est que, il y a quelques années, MM. Rival frères, dans l'établissement desquels le ruisseau des eaux de source arrivait en traversant un terrain ouvert, où l'on venait laver du linge et abreuver des bestiaux, ont voulu faire cesser cet état de choses, et dans ce but ont fait clore entièrement leur terrain par un mur.

La commune a bien fait un commencement d'opposition, mais voilà tout; si elle eût véritablement des droits pour cela, c'était bien le cas de s'en prévaloir, et de faire maintenir l'accès des habitants auprès du ruisseau. La clôture a été faite et elle subsiste : il y a là plus qu'un raisonnement, il y a un fait décisif (1).

(1) Un acte notarié qui a été sanctionné par le conseil municipal de Neuville et approuvé par l'autorité supérieure, est intervenu, le 3 octobre 1837, entre la commune et MM. Rival, au sujet de cette affaire, où le débat portait sur plusieurs points, indépendamment de celui relatif à la possession du bief, notamment sur la position de deux murs.

Par une des dispositions de cet acte, MM. Rival ont promis de laisser entrer les habitants de Neuville dans leur enclos pour y prendre de l'eau en cas d'incendie, mais *pour ce cas seulement et sans s'imposer aucune servitude à cet égard*. Et, de plus, une autre disposition de cet acte contient l'énoncé formel qui suit : « MM. Rival *demeurent* incontestablement propriétaires (donc ils l'étaient déjà), sans « que la commune puisse les y troubler, soit dudit canal ou bief de « décharge, soit du mur construit en dehors dudit canal, etc. »

Mais, lors même qu'on reconnaîtrait à la commune quelque droit de propriété ou de jouissance, d'une nature ou d'une autre, sur les cours d'eau dont la dérivation est projetée pour servir à la population du chef-lieu du département, cette dérivation, malgré cela, ne pourrait-elle et ne devrait-elle pas avoir lieu, en raison de son utilité publique? Une commune n'est-elle pas susceptible d'être expropriée de même qu'un particulier? Il n'y a nul doute à cela, du moment qu'on peut citer des exemples de ce genre d'expropriation. Il y aurait impossibilité néanmoins de le faire, ou plutôt il y aurait probablement refus du gouvernement d'autoriser cette dérivation, s'il s'agissait de *changer le cours des eaux qui sont nécessaires aux habitants* de Neuville, à la manière dont l'entend le code civil.

Cette question doit donc être envisagée ici beaucoup moins sous le point de vue des principes que sous celui des faits, attendu que si, d'une part, la possibilité légale de la dérivation projetée se trouve établie par l'autorité irrécusable des précédents, d'une autre part, la conséquence future de l'application des principes et des précédents ne peut être indifférente aux administrateurs qui sont chargés de les appliquer.

Les réclamations adressées par le conseil municipal de Neuville à M. le Préfet, ou consignées sur le registre par des habitants de cette commune, sont exactement telles qu'elles pourraient être s'il était question de dériver toutes les eaux de son sol, sans exception. Or, cela est sans fondement; il suffit, pour s'en convaincre, de lire les pièces qui ont servi de base à l'enquête.

On trouve sur le territoire de Neuville, en énumérant par ordre d'importance :

1° La source de Lavosne;

2° La fontaine Camille;

3° Le cours d'eau qui fait mouvoir le second moulin de Mad. veuve Perrot ;

4° Un plus petit cours d'eau qui se réunit aux précédents au sortir du moulin Riboulet;

5° La source ou les sources alimentant les fontaines publiques ;

Sans compter toutes les sources qui existent dans des fonds particuliers.

Le projet de dérivation ne comprend que les deux premières ; encore la fontaine Camille n'y est-elle comprise que pour les formalités administratives à remplir, et non pour les travaux d'art à exécuter ; car ceux-ci ne doivent commencer qu'à partir du point d'émergence de la source de Lavosne; la dérivation de la fontaine Camille étant réservée aux générations qui doivent nous suivre, si Lyon prend par la suite des temps un accroissement très-considérable. Jusques-là, il n'y aura pas lieu de changer le cours et la destination de cette fontaine. Et dans le cas même de sa dérivation, il est expliqué autre part (dans les pièces soumises à l'enquête, voy. page 61.), qu'on peut conserver, néanmoins, l'existence des trois chutes d'eau et l'irrigation des prés dans l'ancien parc.

Mais, en outre, il y a ceci à dire relativement à la fontaine Lavosne :

Quand une ville comme Lyon procède à la création d'un service public, elle ne doit pas, elle ne peut pas se borner à l'approprier aux besoins du temps présent, ou des dix et même des vingt années qui vont suivre; elle doit dans ses prévisions embrasser un avenir un peu étendu, et qu'est-ce que c'est que vingt ans pour une ville! Lyon, établissant un service de fourniture d'eau potable, ne doit pas être dans le cas d'avoir à renouveler toutes les vingt ou trente années, pour le même objet, les formalités administratives et les travaux d'art.

Les dispositions du projet de dérivation et la construction de l'aqueduc doivent donc s'étendre, de prime abord, jusqu'au point d'émergence de la source de Lavosne.

Mais s'ensuit-il rigoureusement que l'eau de cette source sera introduite dans le canal le lendemain de son achèvement et dirigée immédiatement sur Lyon? Non, sans doute; et il y a plusieurs motifs pour qu'il n'en soit pas ainsi. 1° Ce n'est pas d'une manière soudaine que les populations prennent de nouvelles habitudes; et ce ne sera probablement ni la première année après l'inauguration du service de distribution en ville, ni la deuxième, ni la cinquième, ni peut-être la dixième, que *toute* l'eau des sources susceptibles de dérivation pourra être employée;

2° ce n'est pas d'une manière soudaine, non plus, que la ville de Lyon nivellera la surface de son sol en lui donnant une faible déclivité, bien réglée, pour pouvoir le laver à grande eau.

Dès lors, qu'y aura-t-il de mieux à faire, en attendant les besoins et les convenances de la population lyonnaise, que d'utiliser les usines mues par les sources les plus éloignées, au lieu de jeter, sans fruit, leurs eaux sur le pavé, dans une ville qui est privée d'égoûts, et qui n'en aura peut-être pas un réseau complet avant cinquante ans?

Cependant il ne faudrait pas se méprendre sur le sens du passage qui précède; on n'y énonce point un fait décidé d'avance; ce n'est pas une assurance donnée, mais simplement l'indication d'une éventualité dont la réalisation a bien dix-neuf chances sur vingt.

Quoi qu'il en soit, au reste, de ces dernières prévisions, ce qu'il y a de positif, dès à présent, c'est que la commune de Neuville ne cessera pas de voir couler sur son sol :

Le cours d'eau qui fait mouvoir le deuxième moulin de Mad. veuve Perrot ;

Le cours d'eau qui se réunit aux autres au sortir du moulin Riboulet ;

Indépendamment des sources qui alimentent les fontaines publiques.

Ces deux cours d'eau donnaient pour produit quotidien, en 1838, 1700 mètres cubes et en 1841 à peu près un dixième en sus, 1860 mètres cubes ou 1,860,000 litres. La commune de Neuville

compte, d'après le dernier recensement, une population de 1,787 âmes. Il suit de là que, indépendamment
de l'eau des fontaines publiques et des sources particulières, *il restera sur le sol de cette commune, en eaux
de source absolument semblables à celles qui seront
dérivées à Lyon, un volume correspondant à la quantité de mille litres par jour et par individu.* C'est
beaucoup plus que la quantité afférente à chaque
habitant de Rome au temps des Césars.

Il faut donc faire abstraction complète des protestations qui se sont élevées contre le projet de
dérivation, dans la supposition qu'il devait priver la
population de Neuville de *l'eau nécessaire* aux usages de la vie.

Quant aux objections relatives à la suppression
des usines, il est à regretter que leurs auteurs n'aient
pas voulu connaître le projet de dérivation autrement que par la rumeur publique, et n'aient pas
pris le soin d'examiner ses dispositions dans les pièces qui ont servi de base à l'enquête. La plupart des
observations présentées par la commune et par les
habitants de Neuville ne seraient pas alors dépourvues de fondement, comme elles le sont; car, en
partant de cette donnée que *toutes les eaux* de Neuville devaient être dérivées, on était amené nécessairement à réclamer contre la suppression de *toutes
les usines.* Or, cette suppression n'étant pas à redouter, les réclamations portent à faux.

C'est le cas de faire remarquer, en passant, que,
grâce à la précaution prise de ne mentionner que
des choses exactes, les pièces soumises à l'enquête

ne renferment rien qui ait été directement contredit. Leurs énoncés subsistent donc en entier; et l'on pourrait transcrire ici, à titre de réfutation des objections présentées, tout le chapitre concernant LES COURS D'EAU DE NEUVILLE, ou du moins les *Résultats de la dérivation en ce qui concerne les usines de cette commune.* Mais il est plus simple d'y renvoyer le lecteur des présentes observations, qui pourra à son gré lire le chapitre en question, ou seulement son résumé.

Ainsi, quoiqu'il puisse arriver, la commune de Neuville aura toujours des moulins à blé, pour faire de la farine à l'usage de ses habitants et de ceux des villages voisins. Renfermés dans cette limite, ceux de ces établissements qui resteront pourront prospérer, au moins pendant longtemps encore, parce que la consommation locale leur suffira, et que la concurrence des moulins à vapeur de Lyon ne pourra probablement pas leur faire, avec avantage, la guerre jusqu'à Neuville. Il en serait autrement, si le nombre actuel des moulins restait toujours le même, et que leurs propriétaires, ne pouvant se résoudre à les laisser chômer, continuassent à envoyer vendre leurs produits dans notre ville, en concurrence avec ces redoutables établissements de Perrache et de Vaise, qui, grâce à leurs puissants moyens d'action, dominent constamment le marché des farines, sur la place de Lyon.

En ce qui touche les usines autres que les moulins à blé, il reste peu de choses à dire après les observations judicieuses de M. Secretant, inscrites sur le

registre d'enquête. Bien que ce Monsieur ait parlé
de ces établissements en homme qui connaît le
pays, il y aurait pourtant à ajouter quelques faits ou
plutôt quelques noms à ceux qu'il a cités. Ainsi,
parmi les personnes qui ont fait des tentatives mal-
heureuses pour établir quelque genre d'industrie tout
près de la fontaine de Lavosne, il eût pu encore
mentionner M.   et M.   fila-
teurs de coton, et, en outre, comme exemple très-
récent, deux fabricants de tulle, qui n'ont pu y rester l'un plus d'un an et l'autre plus de 4 ou 5 ans.

Il est surtout bien remarquable que, depuis le commencement de ce siècle, on ait essayé de tout dans
les bâtiments qui sont auprès de la source de la fontaine Lavosne, où l'on jouit tout à la fois d'un
volume considérable d'une eau claire comme du
cristal, et d'une chute d'eau de près de 5 mètres.
Filature de coton, fabrique de draps, papeterie,
moulinage de soie, impression sur étoffes, jusqu'à
présent rien n'y a réussi ; de telle sorte que lorsque
M. Mellier y est venu, en qualité de locataire, il y a
environ deux ans, les gens de Montanay lui dirent
qu'il allait habiter une maison maudite. En dehors
de ces bâtiments, sur d'autres points de la commune de Neuville, il y a eu bien d'autres essais
infructueux, entremêlés même de catastrophes, que
n'a pas mentionnés M. Secretant : il est très-difficile
en pareil cas, tout le monde le sent, d'énoncer des
faits et des noms propres. Aussi vaut-il mieux dire
que, depuis la génération actuelle, de tous les établissements autres que des moulins à blé, utilisant

des chutes d'eau sur le territoire de Neuville, il n'y
a que celui de MM. Rival frères qui ait prospéré. A
quoi cela tient-il ? Est-ce à une influence locale , à
une cause de ruine en quelque sorte endémique?
Ce n'est pas ici qu'il convient de faire ni recherche
ni conjecture à ce sujet.

Toujours est-il que la commune de Neuville, attris-
tée par tant de mécomptes industriels , survenus sur
son territoire, ne devrait pas, ce semble, mettre une
grande ardeur dans cette question.

Il faut ajouter aux faits particuliers qui précèdent,
les observations générales qui suivent.

Autrefois, quand on voulait créer une usine , on
n'avait pas le choix entre plusieurs moteurs pour la
faire mouvoir : il fallait de toute nécessité aller s'établir sur un des points où la nature a formé ou donné
les moyens de former une chute d'eau ; tout était
subordonné à cette condition fondamentale. Aussi ,
l'industrie, se développant de plus en plus dans le
siècle dernier , avait donné aux moteurs hydrauliques une valeur progressive, qui n'aurait pu que
s'accroitre encore dans ce siècle, sans l'invention de
Watt. Mais , depuis que les moulins à vapeur font
concurrence aux chutes d'eau, celles-ci ont dû perdre beaucoup de leur importance. Que serait-ce , si
l'air comprimé , si l'électricité , si quelque autre
agent encore, venaient à fournir une troisième, une
quatrième force motrice régulière, à côté des moteurs
hydrauliques ? Or, personne assurément n'osera dire
que cela soit impossible.

Au surplus, les choses n'ont pas toujours été telles
que nous les avons vues en dernier lieu ; et, par
exemple, l'art de réduire le blé en farine a changé
plusieurs fois de mode d'action. D'abord, et pendant longtemps, les hommes ne connurent d'autre
moyen que de piler le grain avec des instruments
plus ou moins grossiers; il fallait alors à peu près
une personne dans chaque famille pour cet emploi.
Plus tard, on imagina de le broyer à l'aide du frot-
tement de deux pierres, et l'on arriva par la suite à
créer les moulins à bras, qu'on fit tourner par les
esclaves. Sous les premiers empereurs romains, on
commença, en Italie, à se servir des chutes d'eau
comme force motrice appliquée à la mouture du
grain ; mais cette innovation n'obtint pas d'abord
un grand succès, ou du moins une grande extension, à cause du peu de valeur de la main d'œuvre,
que le régime de l'esclavage maintenait à vil prix.
C'est seulement sous Constantin, à l'époque où le
christianisme protégé par l'empereur s'établit dans
tout l'empire romain, prêchant l'égalité, la frater-
nité entre les hommes, et par conséquent l'affran-
chissement des esclaves, qu'on songea à remplacer
le travail de ces derniers par la force impulsive de
l'eau. Ce qu'il y a de certain, c'est que la profession
qui consiste à fabriquer et à vendre du pain dans les
villes, ne date que de cette époque. Sous ce nouveau
régime, un moulin mû par l'eau et surveillé par un
homme, suffit à la consommation d'un village entier, et successivement de plusieurs, au fur et à mesure des perfectionnements apportés aux appareils

mécaniques. Quelle amélioration relativement à la mouture à bras, qui exigeait le travail d'un homme dans chaque maison !

(On ne peut mentionner que pour mémoire les moulins à vent, dont l'usage s'introduisit en Europe vers le XIe siècle, à la suite des Croisades. L'extrême variabilité des phénomènes météorologiques s'opposera toujours à ce qu'on donne le vent pour moteur à des établissements réguliers et importants.)

Il y a, comme on vient de le voir, environ 1500 ans que les chutes d'eau sont réellement utilisées pour moulins à blé ; mais ce n'est guère que depuis le XIVe siècle, il y a 4 à 5oo ans seulement, qu'on a commencé à employer ce moteur pour battre ou étirer des métaux, et pour d'autres travaux manufacturiers qui ne prirent une grande extension en France qu'au commencement du XVIIe siècle, par la puissante impulsion que leur donna le génie de Colbert. A tout prendre, les moteurs hydrauliques n'ont donc régné sans partage dans le domaine de l'industrie que pendant un assez faible espace de temps ; qu'est-ce, en effet, que quatre ou cinq siècles dans la longue existence du genre humain ?

Une observation incidente est ici nécessaire :

Ce n'est pas par suite du sot désir d'étaler de l'érudition sur ces matières spéciales qu'ont été écrits les paragraphes qui précèdent. Il fallait démontrer par des faits que l'industrie humaine, loin d'être immuable dans ses œuvres, modifie fréquemment et change même quelquefois entièrement ses modes d'action ; il fallait amener les esprits à concevoir et à reconnaître qu'il s'opère, par la force naturelle des choses, un déplacement d'importance manufacturière en faveur de tels et tels territoires, auxquels personne n'aurait pu songer autrefois en fait d'usines, pendant que d'autres, où les chutes d'eau abondent, en avaient le monopole; et que c'est ainsi qu'auprès de nous, le Plan de Vaise, ancien marécage, Perrache, plage encore déserte il y a 20 ans, Givors, jadis village à peu près inconnu, sont maintenant des lieux favorisés et recherchés pour des créations industrielles.

C'est que le moteur d'une usine n'est pas la seule chose à considérer dans un établissement de ce genre. La facilité et le bon marché des transports, soit pour y amener la matière sur laquelle on doit opérer, soit pour en expédier les produits sur les lieux de vente ou de consommation; le plus ou moins d'abondance de bras dans les localités environnantes; les habitudes de la population du pays; le prix des vivres, et par conséquent de la main-d'œuvre; toutes ces choses et bien d'autres encore sont extrêmement importantes et de nature à exercer une grande influence sur le sort d'un établissement d'industrie. Maintenant qu'avec un combustible quelconque, avec de la houille notamment, on peut avoir partout un moteur, tout ce qui se rapporte aux points indiqués ci-dessus est pris en grande considération. Voilà pourquoi, sans doute, on peut citer des localités où des établissements à chute d'eau sont en vente ou en chômage, tandis qu'il se crée incessamment des usines avec machine à vapeur aux lieux qui viennent d'être mentionnés, sur les bords de nos rivières et près du chemin de fer de Lyon à St-Etienne.

Si même, pour juger le mérite propre à chaque moteur, on apprécie exactement le rôle qui lui est assigné comme force impulsive permanente, appliquée au roulement régulier d'une usine, on ne peut s'empêcher de reconnaître que les machines à vapeur, comparées aux chutes d'eau, ont l'avantage de n'éprouver ni amoindrissement momentané provenant de causes météorologiques, ni interruption hebdomadaire de 24 à 36 heures résultant d'irrigations. Mais, de plus, il y a ceci à remarquer : lorsqu'on s'est établi sur un cours d'eau, qui, en vertu de son volume ordinaire et d'une certaine chute, donne une force motrice quelconque, celle de cinq chevaux par exemple, cette force reste toujours la même; et, si l'établissement créé prend ou plutôt peut prendre de l'accroissement, son moteur n'étant pas susceptible d'augmentation, celui qui le possède est arrêté dans l'essor de ses affaires par un empêchement radical, auquel n'est pas exposé le chef d'un établissement pourvu de la force en quelque sorte élastique d'une machine à vapeur de dix ou de quinze chevaux, fonctionnant, suivant les circonstances, au tiers, à la moitié, ou à la totalité de sa force; témoin la maison Rival de Neuville, qui, en vue de suppléer un moteur hydraulique de quatre à cinq chevaux, a fait faire une machine à vapeur de douze; témoin encore le moulin à vapeur joignant la gare de Vaise, qu'on a monté avec sept tournants et qui en a depuis peu trois de plus, sans qu'on ait rien changé à son moteur (1).

On ne saurait disconvenir que les observations qui précèdent sont fondées et sérieuses. Les faits qui leur servent de base ont une connexité non douteuse avec l'état des établissements à chute d'eau du territoire de Neuville, que M. Secretant a représenté comme généralement peu satisfaisant, depuis un quart de siècle au moins. Et, qu'on le remarque bien, le remède à cet état n'est pas dans l'avenir, c'est tout le contraire. On peut, sans trop s'aventurer, annoncer d'avance que la plupart des cours d'eau, qui maintenant sont employés dans des communes rurales comme force motrice pour l'industrie, seront, à une époque qui n'est peut-être pas très-éloignée, restitués ou concédés à l'agriculture ; à moins que leurs sources ne soient à une certaine hauteur, près

(1) Il faut dire, en passant, que cet établissement, véritablement modèle, peut être considéré comme le dernier perfectionnement réalisé dans l'art de la mouture. Tout s'y fait mécaniquement, même le déchargement des bateaux de blé, que la Saône amène jusqu'au centre de l'établissement, grâce à une coupure faite à la gare ; avec le concours d'environ 15 personnes, y compris deux chauffeurs et un mécanicien, on y moud la quantité moyenne de 150 sacs de blé par 24 h., fournissant la farine nécessaire pour donner 750 grammes de pain par jour à 23,000 individus. Ainsi, un homme y produit sans fatigue excessive la subsistance de 1533 autres hommes. Si l'on compare ce dernier mode d'action de l'art de faire la farine à celui usité dans les temps primitifs, on reconnaît qu'un seul moulin, tel que celui dont il s'agit, dispense d'une pénible corvée bien plus d'un millier d'hommes, qui dès-lors peuvent travailler utilement à l'agriculture, ou à d'autres choses essentielles, au lieu d'employer misérablement leurs forces musculaires à triturer du grain, au moyen d'un pilon ou d'une pierre à broyer.

de grands centres de population, et qu'elles n'y soient amenées pour servir, soit comme eau potable et moyen d'arrosage, soit comme élément de manipulations industrielles. En effet, voici le cercle vicieux où l'on risque d'être enfermé par une alternative presque inévitable, quand il s'agit d'une chute d'eau appliquée ou applicable à un établissement manufacturier : si le lieu où existe la chute d'eau est éloigné des grandes routes et des grandes villes, la main-d'œuvre y est à bon marché, mais les transports y sont très-difficiles et très-coûteux : si, par la raison inverse, les transports s'y font facilement et à bon marché, la population y est exigeante et la main-d'œuvre chère; et l'on y a les désagréments des villes, sans en avoir les avantages.

De tout ce qui vient d'être exposé, relativement à la commune de Neuville, il résulte :

1° Que ses établissements à chute d'eau sont moins menacés par le projet de dérivation que par des causes générales, qui tendent à déprécier les moteurs hydrauliques ;

2° Que moins ces établissements seront nombreux, particulièrement les moulins à blé, plus ils auront de chances de prospérité, sans qu'il y ait à craindre que les habitants de Neuville et des communes contiguës soient obligés d'aller hors de la localité pour la mouture de leurs grains; car la seule force motrice résultant des chutes utilisables du ruisseau qui passe

sur le deuxième moulin de Mme Perrot et qui ne
sera pas compris dans la dérivation , suffit pour
moudre en *minimum* 45 sacs de blé par 24 heures ,
pouvant fournir 750 grammes de pain par jour et
par tête (quantité considérée comme au-dessus de
la moyenne de la consommation générale), à 6900
individus.

3ª Que, puisqu'il restera , dans tous les cas , sur
le territoire de Neuville , des eaux fluentes , semblables à celles dont la dérivation est projetée , avec un
volume qui , partagé entre tous les ménages , donnerait au moins cinquante hectolitres par jour à chacun d'eux , la dérivation dont il s'agit ne saurait
être présentée comme devant priver les habitants de
l'*eau qui leur est nécessaire* , suivant l'esprit de
l'article 643 du code civil.

Il resterait à examiner les dires des simples particuliers de Neuville , et à relever différentes inexacti-
tudes mêlées aux observations inscrites sur le registre
d'enquête. Par exemple, des propriétaires de fonds
riverains du bief des eaux de source ont réclamé
contre la dérivation projetée , par la raison que
cette dérivation leur enlèverait , ont-ils dit , soit la
possibilité de créer des usines qui seraient desservies
par ces eaux , soit le moyen de les employer à tel ou
tel usage. Or, le passage du bief, qui est un canal
fait de main d'homme, leur est imposé comme servitude *passive* , sans qu'ils puissent se refuser à le
recevoir, et sans que , d'une autre part , ils puissent

empêcher les usiniers de le faire passer ailleurs , si bon leur semble et s'ils en ont la faculté , de même que récemment on lui a fait décrire un contour dans les terrains de l'ancienne blanchisserie, achetés puis morcelés par un meunier , M. Perrot , et au travers desquels le ruisseau ne passait pas avant 1832. Les contrats de vente de ces terrains morcelés ne confèrent aux acquéreurs aucun titre d'usufruit sur les eaux de source coulant dans le bief; ils stipulent tout le contraire. Hors les usiniers , le nombre des habitants qui ont, par titre ou par prescription, quelque droit positif d'usufruit sur ces eaux, est extrêmement faible, si même il n'est pas complètement nul.

Mais ces menus détails ont peu d'importance , et ce n'est ici ni le lieu ni le moment de s'en occuper. Il est évident que ce qui est écrit sur le registre d'enquête, soit dans un sens soit dans un autre, ne saurait constituer des droits à ceux qui n'en ont pas, ni en ôter à ceux qui en ont. Et il est certain que , sous l'empire de la Charte et du code civil , aucun citoyen français ne peut être dépouillé sans indemnité de quoi que se soit qui lui appartienne; comme il est certain aussi qu'un citoyen ne peut recevoir d'indemnité à propos d'objets ou d'avantages qu'il ne possède pas réellement.

Tout le monde doit donc être, sur ce point, parfaitement tranquille.

CAILLOUX-SUR-FONTAINE.

—

*Observations relatives à la crainte de voir le sol frappé d'ari-
dité par l'effet de la dérivation projetée.*

Les réclamations ou protestations de la commune
de Cailloux-sur-Fontaine portent principalement,
sinon entièrement, sur un danger imaginaire.

Pour présenter l'apparence de ce danger à la
population locale et à l'autorité supérieure, dans le
but sans doute de les émouvoir, on a supposé un
dessein prémédité de spoliation, et l'on a créé la
fiction d'un tunel, ou plutôt d'un réseau de tunels,
partant de la galerie-mère et se dirigeant dans tous
les sens sous le territoire de Cailloux, à une profondeur notable, inférieurement à la région souterraine où se trouvent les eaux qui alimentent les puits
ou forment les sources de cette commune, et ayant
pour objet d'absorber toutes ces eaux. « *Si le travail*
« *est bien fait* , disent les signataires d'une pétition
« collective écrite au nom des habitants de Fon-
« taine et de Cailloux , *il ne doit pas rester un seul*
« *filet d'eau dans les deux communes.* »

Ainsi, on a créé un fantôme pour se donner la
peine de le combattre. Si les auteurs de cette supposition avaient lu attentivement les pièces soumises
à l'enquête publique, par conséquent à la disposition de tout le monde, ils auraient vu que le moyen
qui y est indiqué clairement, pour amener dans la

galerie-mère les sources qui seront dérivées de la partie supérieure du vallon de Fontaine , exclut positivement toute idée de *tunels* ou percées souterraines , et ne comporte qu'une rigole superficielle.

« Comme l'eau ne se corrompt nullement, y est-
« il dit (V. p. 67 et 68.), en passant quelques secondes
« dans les augets d'une roue hydraulique , pourvu
« qu'elle ne serve à aucun autre usage qui puisse la
« souiller, on pourra s'entendre avec les propriétaires
« des moulins , pour que l'eau soit recueillie à ses
« sources même et amenée dans un *canal couvert*
« d'un moulin à l'autre ; de manière à ce qu'elle ne
« sorte de son canal que pour passer sur une roue ,
« et qu'elle y rentre immédiatement après , jusqu'à
« ce qu'elle arrive ainsi dans la galerie-mère...

« Quant aux prés irrigués un jour par semaine,
« pendant six mois de l'année , ils pourraient con-
« tinuer à l'être , si on le voulait , moyennant un
« *réservoir de compensation* (1) , tel qu'il en existe
« pour des cas analogues en Angleterre, qui serait
« établi de manière à recevoir du ruisseau et à
« rendre ensuite aux prés la quantité proportionnelle
« d'eau à laquelle ils ont droit. Les propriétaires de
« ces prés auraient le choix , ou de prendre cette
« eau une fois par semaine, comme à présent , du
« samedi soir au lundi matin , ou bien de la diriger
« dans leurs fonds les jours où cela leur serait le
« plus profitable, si toutefois ils n'aimaient pas mieux
« l'y faire pénétrer par un écoulement continu. »

(1) Ou plusieurs.

Voilà qui est contenu littéralement dans l'une des pièces accompagnant l'avant-projet soumis à l'enquête. Certes, ce n'est pas la faute de M. le Préfet, qui avait exigé par écrit les explications les plus détaillées sur toutes les dispositions de l'entreprise projetée, afin qu'elles fussent soumises à un contrôle public, si les personnes qui avaient le plus de motifs pour en prendre connaissance, s'en sont, au contraire, abstenues, et si par suite de l'ignorance où elles sont restées et des erreurs qui en ont été le fruit, ce magistrat a été obligé d'écrire circulairement, le 10 février 1842, aux maires de plusieurs communes, pour y calmer des craintes qui ne reposaient sur aucun fondement.

Il existe une pétition jointe au registre d'enquête, qui est signée d'un certain nombre d'habitants de Cailloux et de Fontaine, et qui a exagéré outre mesure, soit la fiction des tunels, qui y est beaucoup plus développée que dans la délibération du conseil municipal de Cailloux, soit la crainte de voir *tout le pays frappé d'aridité* ET CONVERTI EN UN DÉSERT, à la suite de la dérivation projetée. Cette pétition, par le fond et par la forme, a le tort de ne pas se prêter à un examen sérieux. Il y a donc lieu d'en faire abstraction, pour s'occuper seulement de la délibération du conseil municipal de Cailloux. Quant à la commune considérable et importante de Fontaine, sur le territoire de laquelle coulent trois des cours d'eau compris dans le système de dérivation, elle n'a fait aucune démarche, quoique son conseil se soit réuni en session légale pendant la durée de l'enquête. Son silence significatif s'explique sans doute par la connaissance des détails de l'avant-projet et par l'appréciation des considérations qui suivent.

Le conseil municipal de Cailloux, dans sa délibération du 9 février, transmise à M. le Préfet, reproche à la Société de dérivation de *laisser à deviner son projet pour ce qui concerne la commune de Cailloux.* On vient de voir que cela n'est pas fondé, et que le conseil mérite lui-même le reproche d'avoir ignoré les dispositions de ce projet. S'il en avait eu une connaissance exacte, il aurait imité la réserve de la commune de Fontaine, ou bien sa délibération contiendrait des observations se rapportant à des choses réelles, et non des réclamations contre des faits ou des dangers imaginaires.

En effet, du moment que l'avant-projet indique et propose lui-même un moyen pour conserver dans le vallon l'eau du ruisseau destinée à l'irrigation hebdomadaire des prés, et même aussi un moyen pour continuer à faire tourner les trois moulins à blé et le moulin à huile situés sur le territoire de Cailloux, quel fondement reste-t-il aux alarmes exprimées? La commune de Cailloux songerait-elle à se plaindre de ce que l'eau des sources, si elle est recueillie dans un canal *couvert*, ne passera plus sur quelques parties de la voie publique? Mais ceci constituerait, au contraire, une amélioration notable, en faisant cesser une cause permanente de la dégradation des chemins.

Au surplus (et ce qui suit se rapporte aussi bien à

la commune de Fontaine qu'à celle de Cailloux),
puisque le ruisseau qui naît et coule dans le vallon
de Fontaine sert de force motrice aux moulins pen.
dant six jours à peu près par semaine, et d'irrigation
aux prés pendant un jour environ, on peut le diviser
en deux parts proportionnelles à ces deux destinations,
qui sont tout-à-fait distinctes l'une de l'autre, et faire
le raisonnement suivant :

Lorsque le samedi de chaque semaine, pendant
l'été, l'eau du ruisseau cesse tout-à-coup de faire
tourner les roues des moulins, les meuniers seraient-
ils admis à se plaindre, si les propriétaires de prés,
d'accord entre eux, au lieu de faire couler l'eau dans
leurs fonds la faisaient passer dans un canal qui la
conduirait n'importe où, sauf à la remettre exactement le lundi, à l'heure voulue, dans le bief des moulins? Non, sans doute, car leurs intérêts ne seraient
aucunement lésés. Eh bien! réciproquement, si,
avec le concours ou avec l'assentiment des meuniers,
on dérive la portion du ruisseau affectée au service
des moulins, en laissant dans le vallon, au moyen
de *réservoirs de compensation*, servant en même
temps de lavoir, la quantité d'eau correspondante à
l'irrigation hebdomadaire des prés, quel dommage
éprouveraient les propriétaires de fonds irrigables?
Et, en outre, de quel inconvénient réel les autres
habitants auraient-ils à se plaindre?

Les propriétaires de prés sont, comme on le voit,
tout-à-fait désintéressés dans la dérivation de l'eau
qui ne coule pas dans leurs fonds; et ceux qui ne

peuvent prendre l'eau du ruisseau ni pour irrigation, ni pour force motrice, le sont bien davantage encore; ils le sont d'autant plus que, suivant le texte de la délibération du conseil municipal de Cailloux, du 9 février, *il n'y a pas un seul pied carré dans la commune dans lequel on ne puisse trouver de l'eau*, et que les réclamants de Cailloux et de Fontaine disent également dans leur pétition collective : *Nous, si heureusement dotés, qu'il n'y a pas un seul pied carré sous lequel nous ne puissions trouver de l'eau*, NOUS QUI EN POSSÉDONS DANS TOUTES NOS MAISONS. »

Il est donc évident que la seule dérivation de l'eau correspondante au roulement des moulins ne peut porter préjudice à personne, et n'aurait dû soulever aucune réclamation. Il est vrai, comme cela a été dit précédemment, qu'on a jugé l'entreprise projetée non point par ses dispositions détaillées dans les pièces de l'enquête, mais sur des rumeurs sans fondement, excitées ou propagées par les détracteurs de cette entreprise d'utilité publique dans les communes de la rive gauche de la Saône.

Une seule déposition, parmi toutes celles inscrites sur le registre, témoigne de la connaissance de la circonstance qui vient d'être mentionnée. C'est celle de MM. Forét, Jance et Bonjour, co-propriétaires de fonds irrigables, dans laquelle se trouve le passage suivant :

« Notre droit ainsi établi, l'on ne peut détourner
« ces eaux sans porter atteinte à notre propriété, à
« moins que par une indemnité proportionnée au

« préjudice causé nous ne soyons entièrement dé-
« sintéressés. Cependant, nous préférons *l'offre faite*
« *dans l'avant-projet, qui est d'établir des réservoirs,*
« *afin de nous fournir toujours la même quantité*
« *d'eau pour l'arrosement de nos prés.* Mais, dans le
« cas où cette proposition ne serait pas générale-
« ment acceptée, nous croyons devoir établir ainsi
« qu'il suit la valeur du terrain arrosé.... etc... »

Tous les autres réclamants auraient dû imiter cet
exemple; mieux renseignés, ils ne se seraient pas
alarmés mal à propos, et ils n'auraient pas frappé
dans le vide comme ils l'ont fait.

Evidemment, c'est à la connaissance et à l'appréciation exactes des dispositions de l'avant-projet et
de toutes les pièces de l'enquête, qu'il faut attribuer
le silence de la commune de Fontaine, au sujet de
l'entreprise de la dérivation, telle qu'elle a été conçue et soumise à l'approbation de l'autorité. Les
principaux membres du corps municipal de cette
commune ont jugé sans doute et avec raison :

Que s'il reste dans le vallon de Fontaine un cours
d'eau intarissable, formant le 7ᵉ ou le 8ᵉ du ruisseau
actuel, c'est-à-dire, à peu près le volume de celui de
Roche-Cardon, ou de celui de Ronzier dans le vallon
de Combes, avec plusieurs réservoirs, disposés pour
le lavage du linge et pour d'autres usages, si l'on
veut, et ayant une capacité combinée de manière à
ce qu'on puisse, suivant les convenances du moment,
arroser les fonds irrigables une fois ou plusieurs fois
par semaine, ou bien tous les jours pendant quelque

temps, les habitants de la commune en général, et les propriétaires de prés en particulier, se trouveront, après la mise en œuvre du projet de dérivation, dans des conditions au moins aussi favorables que celles où ils sont placés aujourd'hui ;

Que, quant aux moyens de mouture, le pays ne risque pas d'en manquer, puisqu'il y a un moulin à vapeur près de la Saône, au débouché du vallon de Fontaine, qui peut moudre du blé, lui seul, pour la consommation de toute la partie du canton de Neuville située sur la rive gauche de la Saône ; puisque, d'ailleurs, il est démontré qu'on peut, moyennant un canal couvert, continuer à faire tourner avec le ruisseau d'eau de source les moulins qui sont supérieurs au niveau de la galerie de dérivation, et puisque, dans tous les cas, la seule eau provenant des Echets et coulant dans le bief des meuniers pendant à peu près la moitié de l'année, avec un volume presque illimité, suffit pour assurer la possibilité de moudre beaucoup plus que les grains consommés par les communes de Cailloux, de Fontaine, de Rochetaillée et même de Sathonay.

Avant de terminer ce qui a rapport à la commune de Cailloux, il convient de faire remarquer que plusieurs propriétaires de petites sources, auxquelles on ne songe pas pour les dériver, ont cru devoir déclarer, dans le registre d'enquête, qu'ils ne les laisseraient pas prendre sans être indemnisés du préjudice que cette perte leur causerait. Cela est bien entendu. Si l'on recueillait ces sources, ce serait sans doute pour en alimenter le réservoir de compensation qui serait placé au point le plus élevé du vallon; mais il est superflu de dire que cela n'aurait lieu qu'après juste et préalable indemnité.

Les considérations qui précèdent sont énoncées ici avec une entière liberté de jugement; car, si les dispositions qui ont été indiquées pour dériver les 6/7mes du ruisseau du vallon de Fontaine, en y laissant à peu près 1/7me, sont goûtées et adoptées par l'autorité supérieure et par les propriétaires de fonds irrigables, l'entreprise de la dérivation aura, dans ce cas, un peu moins de déboursés à faire qu'autrement; et dans le cas inverse, elle dépensera un peu plus, il est vrai, à cause des indemnités relatives aux irrigations, mais elle aura une quantité d'eau plus forte. Le parti définitif auquel on s'arrêtera à cet égard ne peut donc que lui être indifférent.

En résumé, la dérivation projetée des eaux de source du vallon de Fontaine, ne doit avoir pour résultat : que d'être favorable à quelques propriétaires de moulins, qui, par des raisons déjà expliquées au sujet de ceux de Neuville, supportent bien difficilement la concurrence des grands établissements à vapeur des bords de la Saône, sans être une cause de ruine ou de dommage pour aucun autre propriétaire ou habitant, et sans exposer le pays à être frappé d'aridité.

CALUIRE.

—

Observations relatives à l'influence du percement de la galerie projetée sur le régime des eaux souterraines, qui alimentent les puits du plateau et les sources de ses versants.

Les observations de la commune de Caluire ne portent que sur un seul point : *la crainte de voir se tarir les puits et fontaines de la commune par les travaux souterrains* de la galerie de dérivation.

Son conseil municipal, par une délibération du 17 mai 1840, confirmée par une nouvelle du 13 février 1842, a autorisé le Maire à former opposition à la dérivation projetée, par les motifs qui sont développés dans une pétition de quelques habitants de la commune au Maire, jointe à la délibération et adressée avec elle à M. le Préfet, pendant la durée de l'enquête.

« Il est de l'évidence la plus claire, dit cette péti-
« tion, que *tous* les puits et sources du plateau, de-
« puis le clos de Roye jusqu'à Lyon, courent la
« chance de subir une grande altération et même
« *un épuisement complet.* Qu'on se représente que
« *toutes les eaux* de la colline entre le Rhône et la
« Saône, proviennent des filtrations des étangs de
« la Bresse, et sont dirigées vers Lyon en forme de

« nappe souterraine par une couche d'argile , dont
« elles suivent l'inclinaison sud-ouest , etc. (1) »

En général , les réclamants, soit de Caluire, soit
de la Croix-Rousse, qui raisonnent sur le régime intérieur des eaux contenues dans le plateau bordé par
la Saône et par le Rhône, au nord de Lyon, com-
mettent deux erreurs : l'une consiste à confondre
l'effet d'une percée souterraine avec celui d'une tranchée profonde à ciel ouvert, laquelle doit avoir nécessairement pour résultat d'intercepter le cours de
tous les filets d'eau qu'elle rencontre et de les attirer
au fond de l'excavation ; l'autre consiste à croire que
l'eau de pluie tombée sur l'espace formant un triangle dont les trois pointes sont Trévoux, Montluel et
Lyon, ou bien sur celui plus restreint dont les pointes sont Neuville, Miribel et Lyon, ne suffit pas
pour alimenter les puits et les sources qui s'y trouvent, et que dès-lors il faut avoir recours aux étangs
de la Bresse, ou à des courants venant de loin sous
terre, pour expliquer leur existence et leur abondance.

L'administration supérieure ayant créé une com-

(1) Avant d'aller plus loin, il est nécessaire de mentionner une erreur
qui a été commise, on ne peut s'expliquer comment, par les auteurs
de cette pétition. « M. l'ingénieur en chef du département, y est-il
« dit, a donné son avis; il reconnaît les dangers que nous signalons ;
« il croit qu'il y a des moyens de les éviter, ou au moins de les atté-
« nuer. » M. l'ingénieur en chef ayant bien voulu répondre à la question qui lui était adressée pour savoir dans quelle pièce ou à quelle autorité il avait *donné son avis* sur ce sujet, a répondu avec étonnement
que cette allégation n'avait point de fondement, que c'était une
erreur complète, qu'il n'avait pas eu à donner d'avis, et que par
conséquent aucun dire n'avait été formulé par lui sur cette matière.

mission spéciale, composée d'hommes aussi distingués par leurs lumières que par leur rang, pour avoir son avis sur les questions nées de l'enquête prescrite par le Gouvernement sur le projet de dérivation d'eaux de source à Lyon, cette Commission aura tous les moyens d'éclairer par des aperçus scientifiques, faisant autorité, le point de savoir si les eaux de puits et de sources voisines du percement de la galerie de dérivation risquent d'être détournées par ce travail, et dans quelle mesure à peu près cet effet peut être réellement à craindre. Les observations qui suivent doivent donc contenir plutôt des indications de faits que des données théoriques, attendu que la théorie présentée ici serait naturellement suspecte, lors même qu'elle serait juste ; tandis que les faits, quand ils sont vrais, ont toujours la même valeur, de quelque part qu'ils viennent.

Voici, d'abord, relativement à l'origine des sources dont la dérivation est projetée, des énoncés qui ne sont pas susceptibles de contestation.

Toutes les eaux qui sont sur ou dans l'écorce terrestre proviennent de l'eau de la pluie. Cette eau, quand elle est tombée sur le sol, se divise en plusieurs parties ; l'une s'évapore et retourne dans l'air, l'autre sert à la nutrition des végétaux et des différents êtres organisés ; la troisième court sur le sol, à l'état d'eau sauvage pour aller former les ruisseaux et entretenir les rivières ; la quatrième pénètre dans le sol et y devient la cause ou l'origine des sources. Ces deux dernières parties sont plus ou moins considérables, l'une aux dépens de l'autre, suivant que la surface du terrain est plus ou moins déclive, ou bien, au contraire, plus ou moins rapprochée de la ligne horizontale.

Tout le monde sait que le plateau de la Bresse est dans ce dernier cas. L'eau de pluie qui coule sur son sol y est beaucoup moins abondante relativement à celle qui s'y infiltre, que dans les contrées montagneuses qui séparent la vallée de la Loire du bassin du Rhône. Il en résulte que les ruisseaux y sont moins susceptibles de devenir torrentueux que dans ces dernières localités, et que par la même raison les sources y sont plus permanentes. Les jaugeages des sources importantes dont le produit fait mouvoir des usines, sur le versant occidental du delta de la Bresse, donnent la preuve certaine de ce dernier point.

Ces mêmes jaugeages, répétés officiellement plusieurs fois de 1838 à 1842, vont servir à une démonstration non moins positive.

La partie méridionale du plateau de la Bresse formant un triangle, dont la pointe est le promontoire de la Croix-Rousse et dont la base est une ligne tirée de la Saône au Rhône un peu au-delà de Trévoux et de Montluel, a une superficie d'environ 200,000,000 de mètres carrrés . . . .

Si la couche d'eau pluviale, qui tombe annuellement à Lyon, était tout juste d'un mètre, elle donnerait deux cents millions de mètres cubes par an. Quoiqu'elle dépasse quelque-

10

fois cette hauteur, notamment en
1841, où elle s'est élevée à plus de
1^m· 20, elle n'est *en moyenne* que de
0^m 75 à 0^m· 80 (*). A Mâcon, elle est de
plus de 0, 80. En prenant le chiffre de
0^m· 75 pour le plateau de la Bresse, on
sera au-dessous de la réalité ; mais d'a-
près cette base, on aura le nombre
rond de.   150,000,000
de mètres cubes d'eau pluviale.

Les jaugeages des sources formant les
cours d'eau de Roye, de Ronzier, de
Fontaine, de Neuville, de Massieux,
de Reyrieux et de Feytan près Trévoux, ayant été opérés à diverses époques depuis quatre ans, établissent une
moyenne d'environ 30,000 mètres cubes d'eau par 24 heures, soit par an
la quantité de   10,950,000
mètres cubes d'eau de source.

Si l'on suppose que le versant oriental, depuis Néron jusqu'au delà de
Montluel, y compris par conséquent
le cours d'eau qui traverse cette dernière commune, fournisse un volume
égal à celui des sources jaugées sur le
versant occidental, on aura le même

_____

(1) Une série d'observations faites pendant 15 années consécutives
dans le siècle dernier, de 1765 à 1780, sur la place des Minimes,
à Lyon, et dont la note existe à l'observatoire de la ville, a donné
pour *moyenne* annuelle de ces 15 années la quantité de 0 m. 77.

chiffre   10,950,000
mètres cubes,

soit un total de   21,900,000
mètres cubes, seulement pour les sources importantes dont le produit sert ou peut servir à des usines. Mais, indépendamment de ces sources, il en est une multitude qui donnent des filets plus ou moins gros dans des propriétés particulières et dont l'ensemble formerait un volume très-considérable, qu'on peut évaluer sans doute à la moitié de celui de toutes les sources de la première catégorie, soit à   10,950,000
mètres cubes.

D'où il résulterait que le produit général des sources du plateau qui ont leur écoulement sur ses deux versants, depuis Lyon jusqu'un peu au-delà de Trévoux et de Montluel, serait de . .   32,850,000
mètres cubes par an ;

C'est-à-dire le cinquième seulement de la quantité annuelle d'eau pluviale tombée sur l'espace triangulaire compris entre l'emplacement de ces trois villes.

Après ce calcul, qui ne peut être inexact, puisqu'il repose sur des bases certaines, qui sont : la quantité d'eau pluviale et la quantité d'eau de source, mesurées par des savants et des ingénieurs officiellement chargés de ce soin ; si l'on se représente l'horizonta-

lité presque parfaite du delta de la Bresse, si l'on se
rappelle la nature de son sol qui est un terrain de
conglomérat essentiellement perméable, on demeu-
rera convaincu que l'intérieur du plateau, dans
l'espace désigné, reçoit plus du double de la quantité d'eau qui s'échappe par des orifices connus, le
long de ses versants; et que, non-seulement, dès-lors,
il n'est pas nécessaire qu'il vienne des contreforts du
Jura, ou de la région centrale des étangs de la Bresse,
des courants souterrains, pour alimenter les sources
des deux versants, mais qu'encore on est forcé d'admettre qu'une immense quantité d'eau semblable à
celle de ces sources s'enfonce par quelques fissures
que peut présenter la partie inférieure du plateau,
pour se perdre sans fruit dans le lit du Rhône et de
la Saône, ou pour ressortir par voie de syphon dans
des localités plus ou moins éloignées, au-delà de leurs
bords.

Puisqu'il vient d'être question des étangs de la
Bresse, il n'est pas hors de propos de dire ici quelques mots, ou plutôt d'énoncer quelques faits, tou-
chant la relation que quelques personnes supposent
exister entre ces étangs et les sources dont la dérivation est projetée.

Abstraction faite des considérations théoriques,
qui ne permettent guère de concevoir que la couche
argileuse qui supporte les étangs puisse être traver-
sée par des filets d'eau, ne peut-on pas d'abord se
demander ce que deviendraient ces étangs, s'ils
étaient absorbés à la fois par la surface et par le
fond, c'est-à-dire si leurs eaux se perdaient d'un côté

par une évaporation incessante et quelquefois si ac-
tive, d'un autre côté par des fuites au travers du sol
qui leur sert de bassin ? Mais , voici les faits qui se
rapportent à cette question.

Dans le XIIe siècle de notre ère, il n'existait point
encore d'étangs sur le plateau où ils sont maintenant si nombreux ; or , les sources actuelles cou-
laient avant cette époque.

Depuis une centaine d'années, les étangs de la
Bresse et surtout de la Dombe , soit par le nombre
soit par l'étendue , se sont plus que quintuplés; or,
les sources de cette contrée ne se sont pas quintu-
plées ; rien n'établit même qu'elles aient augmenté.

Une loi du gouvernement français du 4 décembre
1793 , qui ne fut rapportée que le 1er juillet 1795 ,
fit vider tous les étangs du plateau de la Bresse ; or,
les sources n'ont pas cessé de couler, malgré cela , et
de faire tourner les roues des moulins sur lesquelles
passent leurs eaux.

Au surplus, dans la supposition même d'une relation quelconque entre les sources et les étangs dont
il s'agit, il y a ceci à dire , au sujet de l'effet probable de leur desséchement. S'il avait lieu , apparem-
ment un tel travail ne serait entrepris que pour
livrer à la culture les lieux où se trouvent actuellement ces masses d'eau stagnante. Eh bien, s'il était
possible de défoncer suffisamment et de rendre entièrement meuble le terrain fort peu incliné qui les
supporte , et au travers duquel les eaux pluviales
s'infiltreraient désormais , au lieu de s'évaporer , en
grande partie , par suite de leur exposition sur d'im-

menses surfaces à l'action de l'air et du soleil, l'effet du desséchement serait naturellement inverse de celui qu'on semble redouter : il devrait augmenter les sources au lieu de les tarir, à moins qu'il n'en fît surgir de nouvelles.

Les énoncés qui précèdent étant plus que suffisants, pour démontrer que l'origine des sources dont il s'agit est dans le plateau même qui domine les vallons ou les collines où sont leurs points d'émergence , il faut passer maintenant aux objections présentées contre la dérivation des sources, par suite de *la crainte de voir les travaux de percement de la galerie souterraine, tarir les puits et fontaines du territoire de Caluire.*

Avant de répondre à ces objections, ou pour y répondre , il convient de poser quelques faits :

La galerie destinée à conduire à Lyon l'eau des sources dérivées , ne sera pas construite au moyen d'une tranchée ouverte, mais au moyen d'un percement sur un plan à peu près horizontal , puisque sa pente sera de $0^m.$ 20 par kilomètre, à partir du bas du coteau de Montanay, où surgit la source de Lavosne. Les dimensions seront $1^m.$ 85 de hauteur, et $1^m.$ 5o de largeur; son niveau sera généralement de 5o à 55 mètres au-dessous de la surface du sol, là où elle s'éloignera des collines qui forment les versants du plateau. Comme la profondeur des puits (de Caluire à la Croix-Rousse) varie entre 20 et 4o mètres , sauf quelques exceptions, la région où sera percée la galerie sera au moins de 1o à 15 mètres inférieure

au fond de ces puits. Par conséquent, s'il n'y avait
pas d'autre cause de détournement de leur eau que
le percement horizontal lui-même, il n'y aurait rien
à redouter; car, à l'inverse de ce qui a été dit par
quelques déposants, un percement ainsi opéré ne
doit produire aucun ébranlement, aucun déchire-
ment dans les régions supérieures du terrain. Pour
préparer et faire le vide nécessaire avant de commencer les travaux de maçonnerie, non-seulement on
procède avec beaucoup de mesure, quand on se
trouve ailleurs que dans la roche, mais on ne s'a-
vance qu'à la faveur d'un boisage solide et continu,
qui maintient toutes les terres en haut et par côté de
la percée; boisage qui reste à perpétuité là où il est
placé, et qui, par la qualité supérieure et par la
grande quantité des matériaux qui doivent y être employés, forme une des parties les plus considérables
des frais de construction de la galerie.

Mais, un percement presque horizontal de plusieurs kilomètres d'étendue, à la profondeur de 50
à 55 mètres, ne peut être fait sans quelques puits
verticaux, établis d'intervalle en intervalle, soit pour
faciliter les moyens d'extraire les déblais, soit pour
assurer de l'air sain aux travailleurs. Or, le creusement de ces puits d'extraction ou d'aérage paraît
avoir effrayé un grand nombre de personnes au
moins autant que la percée horizontale, par la raison
qu'*ils traverseraient de part en part un plafond d'eau*
s'étendant à un niveau déterminé, sous toute la superficie du plateau et formant, selon l'opinion de ces
personnes, une espèce de lac souterrain qui fournit

l'eau à tous les puits et à toutes les sources de la localité.

Assurément l'intérieur de ce plateau doit contenir énormement d'eau, et cela est démontré par les circonstances précédemment indiquées, dont les principales sont l'horizontalité de sa surface et la perméabilité de son sol. Mais s'ensuit-il qu'il y ait un plafond d'eau, une nappe d'eau, à un niveau régulier, sous le développement entier du plateau ! Nullement. Le terrain de conglomérat composé de couches alternatives ou enchevêtrées de graviers, de sables et de galets, qui forme la partie supérieure de ce plateau, a une épaisseur considérable et à peu près inconnue. Sans doute ce terrain repose bien en divers points sur des assises solides et non perméables, telles que des masses rocheuses et des bancs d'argile; mais ces assises se trouvent à des niveaux très-variés, c'est-à-dire à différentes profondeurs, et forment ainsi des bassins distincts. Ce qui le prouve, c'est que les puits ne sont pas partout également profonds ; ce qui le prouve encore, c'est qu'il y a des parties du plateau, celle par exemple où passe le tracé de la galerie, entre le chemin *des Brosses*, au nord de Montessuy et le territoire de la Croix-Rousse, qui sont ou qui paraissent dépourvues d'eau, car il y faudrait creuser les puits jusque presque au niveau du Rhône pour trouver de l'eau abondamment, quoique pourtant la composition du sol y soit la même que dans d'autres parties, où le fond des puits est à 30 ou 35 mètres de profondeur, avec une quantité d'eau considérable. Evidemment les assises solides se trouvent infléchies dans ces parties du plateau, et les eaux pluviales tombées à la surface s'y infiltrent plus profondément, jusqu'à la rencontre de massifs ou de bancs qui les arrêtent et leur servent de bassin, comme cela a lieu de la même manière ailleurs, mais à un niveau plus élevé.

A ceux dont l'imagination se plaît à supposer l'existence d'une nappe d'eau régulière, à une certaine profondeur dans le sous-sol de Caluire et de la Croix-Rousse, on peut dire : Comment admettre une pareille nappe continue dans un plateau élevé de 100 mètres au-dessus des deux vallées qui le limitent, et terminé par deux escarpements à pente très-rapide? et comment ne pas reconnaître les dangers que pourrait courir cette nappe, par suite de coupures un peu fortes faites à ces escarpements, telles que celles qui ont été pratiquées pour établir le Cours d'Herbouville ?

Par exemple, si les personnes disposées à fonder l'entreprise de la dérivation des eaux de source avaient des motifs de croire à l'existence de cette nappe d'eau, de ce lac souterrain, et qu'elles voulussent en profiter dans l'intérêt de leur entreprise, qu'auraient-elles de mieux à faire que d'acquérir, joignant le clos de Roye, quelques hectares de terres formant une pointe de l'ouest à l'est, et d'y creuser très-légitimement, sans contestation, ni risque d'indemnité, dans la direction et au niveau de ce lac, une galerie d'écoulement, qui, suivant le système d'opinion que les présentes observations tendent à réfuter, remplirait en grand l'office que remplit en petit un robinet appliqué à un vase rempli de liquide et qu'on met en perce ? Mais ces personnes n'ignorent pas que l'intérieur de ce plateau, généralement saturé d'eau, sur des espaces toutefois et à des niveaux variables, ne présente ni nappe, ni lac, mais une épaisseur considérable de sables et de graviers aquifères, qui font ressembler cette région souterraine plutôt à une éponge imbibée d'eau, qu'à une nappe. L'analogie est d'autant plus grande, que de même qu'un ou plusieurs trous dans une éponge ne l'empêchent pas de contenir de l'eau, de même plusieurs puits, comme ceux de Caluire et de la Croix-Rousse, plusieurs galeries comme celles du clos de Roye, peuvent exister tout près les uns ou les unes des autres, sans se nuire.

Quand les puisatiers de cette localité creusent un puits et que, parvenus à 30 ou 35, ou 40 mètres, ils arrivent au point où l'eau de pluie, descendue par un long travail d'infiltration et arrêtée par les assises d'un des bassins souterrains, reflue dans les sables et les graviers qui le remplissent, cherchant quelque issue ; ces ouvriers se bornent à établir un puisage de deux ou trois mètres au plus, qui est bien suffisant, car l'eau arrive, non pas d'un seul côté, mais de tous les côtés du puits. Eu égard à son abondance, et par la raison qu'ils n'auraient pas des appareils capables de l'extraire aussi rapidement qu'elle viendrait, ils se figurent qu'ils ont atteint le milieu ou le fond de la couche aquifère, appelée par eux plafond d'eau. Mais, qui peut savoir à quelle distance se trouve la roche ou l'argile qui en forme la

limite inférieure ? Au lieu d'être à 3 ou 4 mètres ,
qui peut dire qu'elle n'est pas à 30 ou 40, ou
même au-delà.

Il y une circonstance peu connue, mais digne de
remarque, qui pourrait faire attribuer une puissance
(épaisseur) considérable à ces terrains si propres
à receler de l'eau, à ces dépôts d'alluvions antérieures
à notre âge géologique , qui remplissaient toutes les
dépressions du sol primitif ou de sédiment , à une
hauteur presque uniforme , depuis le pied des montagnes lyonnaises jusqu'aux balmes viennoises ,
avant que les courants diluviens ne les eussent sil-
lonnés en creusant la vallée du Rhône et celle de la
Saône : c'est que le seul sondage profond qui ait été
exécuté dans ces terrains, n'a rencontré de banc
d'argile qu'à un niveau fort bas. Cette opération
avait été entreprise , il y a 12 ans , en vue de créer
un puits artésien dans le vallon des Torrières , aux
confins des territoires de Neuville, de Genay, de
Civrieux et de Montanay , très-près du point d'émergence de la fontaine Camille (à 200 mètres environ) ,
sur la propriété de M. Rival ; ce sondage a été
poussé jusqu'à la profondeur de plus de 72 mètres ,
à compter de l'orifice du trou de sonde, qui était
lui-même de 30 à 40 mètres en contre-bas du plateau
Bressan sur lequel est situé le village de Montanay. On a traversé successivement des couches
diversement épaisses , de graviers et de sables plus
ou moins consistants , jusqu'à 33 mètres de profondeur (à peu près 100 pieds) ; à ce niveau on a atteint un banc d'argile compacte , ayant 20 mètres

de puissance , étant dès-lors parfaitement en état de supporter, non-seulement les eaux de pluie infiltrées et descendues jusqu'à lui , mais même les eaux d'un lac profond, rôle qu'il a peut-être rempli dans des temps reculés. La limite inférieure de ce banc argileux est , comme on le voit , à 53 mètres au-dessous de la région d'où sort la fontaine Camille , et se trouve, à quelques mètres près, au niveau des eaux de la Saône à Neuville ; sa limite supérieure est encore au-dessous du niveau où doit être établie la galerie de dérivation , partant du vallon des Torrières et aboutissant d'abord à la vallée que suit le chemin de la Boucle , ensuite à l'un des flancs du promontoire , au pied duquel est Lyon.

Qui sait si ce banc d'argile ne s'est pas étendu primitivement très-loin du lieu où son existence a été constatée en 1830, et si, à l'aide de forages profonds, on ne trouverait pas, à peu près au même niveau que lui, des assises argileuses supportant certaines zônes du terrain de conglomérat aquifère sous Caluire et sous la Croix-Rousse ? Pour le nier , il faudrait que quelqu'un eût atteint des gisements semblables, en creusant des puits dans ces localités. Mais personne n'a jamais dépassé (n'ayant aucun intérêt à le faire) la partie supérieure de la couche de graviers ou de sables, où l'on trouve généralement de l'eau , comme dans une vaste éponge.

Rien ne prouve donc qu'on doive rencontrer des assises argileuses, soit en opérant le percement horizontal continu , soit en creusant des puits verticaux , dans la croûte supérieure du plateau.

Au surplus, lors même que cette circonstance devrait se réaliser, il faut que tout le monde sache bien que les appréhensions de la commune de Caluire seraient loin de se justifier. Il importe d'énoncer, à ce sujet, quelques faits de nature à porter la conviction dans les esprits.

La construction de la galerie de dérivation sera l'œuvre d'un habile entrepreneur, familier avec de pareils travaux, qui l'exécutera *à forfait*, moyennant un prix convenu d'avance, à ses risques et périls, et dans un délai fixé. On comprend dès-lors que son intérêt direct est d'opérer aussi rapidement que possible, parce qu'ici la célérité fait l'économie, c'est-à-dire le bénéfice. Or, comme il ne peut faire d'abord des déblais et ensuite de la maçonnerie que dans une galerie parfaitement étanche, il résulte de là qu'à l'inverse de ce qu'on a pu supposer par irréflexion, *son plus grand ennemi, c'est l'eau.* Pour éviter qu'elle ne descende, soit dans les puits en creusement, soit dans la galerie elle-même, il aura recours à tous les moyens connus et imaginables; car il est parfaitement évident qu'autant il en laissera descendre dans les puits ou dans la galerie, autant il sera obligé d'en faire extraire à grands frais, par mains d'homme et par l'emploi de manéges à chevaux. Aussitôt donc qu'il pénètrera dans un terrain aquifère, son premier soin pour empêcher à l'eau de s'écouler par le point entamé, sera d'employer, avant de continuer tout creusement, soit de la terre argileuse, soit des bois disposés pour cet usage, soit la pierre et la chaux. Il existe en Belgique un terrain

houillier, recouvert d'autres terrains extrêmement
perméables et tellement saturés d'eau, que lorsqu'on
traverse ces terrains, en creusant de larges puits
destinés à la future extraction des gisements de houille,
situés dans les régions inférieures du sol, il n'y a ni ma-
nège à chevaux ni à machine vapeur qui pût parvenir
à extraire toute l'eau, qui inonderait les travailleurs,
si l'on ne pratiquait des moyens efficaces non pour
réprimer mais pour *prévenir* l'irruption de l'eau.

Il est inutile de dire que ces moyens ne sont pas
à l'usage des puisatiers ordinaires de nos contrées ;
ils ne sont pas même à leur connaissance. Mais les
habitants de Caluire et de la Croix-Rousse seront
convaincus, en y réfléchissant, que le constructeur
de la galerie de dérivation ne manquerait pas d'en
user, s'il en était besoin, puique, chargé *à forfait*
de livrer cette galerie *dans un temps fixe et pour un
prix* également *fixe*, il a un intérêt de premier ordre à empêcher les eaux voisines de ses travaux d'y
pénétrer, par conséquent, à ne pas déranger leur
régime de stationnement ou d'écoulement ; car toute
addition d'eau étrangère aux sources qui doivent être
dérivées ne lui ferait pas gagner un centime et ne
pourrait, au contraire, que lui faire perdre plus ou
moins. Son intérêt est donc, en cela, parfaitement
conforme à celui des propriétaires de sources et de
puits voisins de la galerie à construire. Cette considération est bien de nature à rassurer la commune de
Caluire et les réclamants de la Croix-Rousse. Mais il
y en a d'autres encore, et surtout il y a des faits à citer,
qui doivent achever de dissiper toute appréhension.

Il vient d'être dit, en passant, que les dépôts de cailloux roulés et autres éléments qui constituent le terrain du conglomérat, avaient rempli, à une époque et par des causes dont il est inutile de s'occuper ici, tout l'espace qui comprend maintenant le delta de la Bresse, les collines ou plateaux de St-Cyr, d'Ecully, des Massues, de Ste-Foy, d'Oullins, jusqu'aux Balmes-Viennoises, et que cette disposition avait été modifiée par les grandes érosions diluviennes, qui ont donné au sol de nos environs sa configuration actuelle. Il résulte de cette circonstance géologique, que tous les terrains qui ont fait jadis partie de ce vaste remplissage ont une hydrographie analogue, quoique séparés maintenant par de larges ou profondes échancrures et par le lit de nos rivières. Ainsi, les sources de Roche-Cardon, de Champvert, de Gorge-de-Loup, de Fontannière, de la Mouche, etc., ressemblent tout-à-fait, par leur mode d'émergence et par la nature de leurs eaux, à celles de Serin, de Caluire, de Roye, de Fontaine et de Neuville ; par conséquent, un exemple tiré de l'une de ces localités est applicable à toutes les autres.

Près de la barrière des *Chartreux*, le clos *Jouve* a depuis long-temps cinq puits, offrant ceci de remarquable, que le moins profond (il n'a que 15 mètres) et en même temps le plus abondant en eau, est précisément celui qui est situé dans la partie la plus élevée du clos. Avant que cette propriété eût été achetée par l'Administration militaire, on en avait vendu quelques fragments sur lesquels des maisons ont été construites ; ce qui a donné lieu au creusement de plusieurs puits nouveaux, à 40 mètres environ du puits remarquable par son peu de profondeur : tous donnent de l'eau , à des niveaux inférieurs au fond du précédent , sans lui avoir fait le moindre tort.

Le puits des bains des Tapis , à la Croix-Rousse , avait été creusé jusqu'à 38 mètres, 97 cent. , sans qu'on eût rencontré l'eau , qui cependant existait à une profondeur moindre dans un puits à proximité. Sans doute , si on eût persisté à l'approfondir , on eût trouvé de l'eau à un niveau plus bas , mais on préféra pousser une galerie latérale vers celui dont il a été parlé ; l'eau ne pouvait manquer d'arriver, elle s'éleva aussitôt à la hauteur de 6 mètres 49. Il est évident que ces deux puits se trouvent dans deux bassins partiels, dont l'un est distinct de l'autre par la profondeur des assises formant sa limite inférieure ; et il est bien évident aussi que la galerie de dérivation passant à l'endroit où l'un d'eux est situé , ne ferait absolument rien à l'autre.

Dans la partie élevée du clos de l'Antiquaille qui confine à la place des Minimes, on a creusé de 1824 à 1827 (1) , à une profondeur de 35 à 40 mètres , trois puits de large diamètre , plus une galerie d'environ 5o mètres d'étendue, ayant des dimensions intérieures semblables à celles de la galerie de dérivation projetée, sans exciter aucune plainte de la part des propriétaires des puits voisins , notamment des

(1) Voyez l'Histoire de l'hospice de l'Antiquaille , par M. Achard-James , pages 193 et suiv. , 252 et suiv. , 312 et suiv.

directeurs de l'Institution des Sourds-Muets, dont le clos, pourvu d'un puits, n'est séparé que par un chemin de la partie du terrain de l'Antiquaille où ont été faits ces creusements, soit verticaux, soit horizontaux. Il est vrai qu'en 1838-39, lors de l'abaissement général et inoui du volume et du niveau des eaux de sources et de puits de nos contrées, quelques propriétaires de puits ou de sources près du clos de l'Antiquaille, étonnés de la diminution de leurs eaux et ne sachant comment l'expliquer, s'en prirent aux travaux exécutés dans ce clos plus de dix ans auparavant. Ils ignoraient alors, que de 1832 à 1837, la quantité annuelle d'eau pluviale de notre contrée avait diminué d'un *cinquième*, et qu'au dernier terme de cette période sèche, la plus longue dont les vieillards de nos jours aient gardé souvenir, l'année 1837 avait été signalée par une diminution d'*un tiers*, dont l'effet avait dû se faire sentir durant les années suivantes, pendant le temps que l'eau provenant des pluies de 1838 et 1839 mettait à pénétrer dans l'intérieur du sol, par une lente infiltration, qui ne dure pas moins d'un an quand la couche de terrains à traverser a une épaisseur de 30 à 50 mètres, comme cela a lieu sur le mamelon de Fourvière, et sur le plateau des Massues, aussi bien que sur le delta de la Bresse. En effet, des observations récentes, appuyées de jaugeages répétés à diverses époques, ont établi que les pluies tombées en abondance pendant l'automne de 1840 et pendant le cours de 1841, n'ont produit tout leur effet, que du printemps à l'été de 1842, sur les sources qui fluent à

11

peu près à la moitié du versant du plateau de Roye.

Quoi qu'il en soit, les doléances des personnes qui attribuaient à une cause locale un effet produit par des phénomènes physiques généraux, se sont arrêtées dès que l'équilibre a été rétabli dans les œuvres de la nature. Et ce qu'il y a de certain, c'est que depuis lors on n'a pas plus exprimé de plaintes, qu'on ne l'avait fait avant l'époque marquée par une pénurie d'eaux pluviales, peut-être sans exemple (1). En outre, depuis deux ans, M. Marcel, propriétaire d'une maison louée à une institution de Providence, à la distance de 150 mètres des puits et galerie de l'Antiquaille, a fait faire dans son clos un puits qui, creusé à 26 ou 27 mètres de profondeur seulement, donne une quantité d'eau très-considérable, sans avoir détourné aucune partie de celles du clos de l'Anti-

(1) Il faut remarquer, cependant, que lors même qu'il se serait manifesté une diminution dans les puits rapprochés de la galerie percée dans le terrain de l'Antiquaille, il n'y aurait rien à en conclure contre la galerie de dérivation projetée. Celle-ci, en effet, construite en maçonnerie compacte, ne laissant pas plus entrer les eaux extérieures que sortir l'eau qui lui sera confiée, n'aura d'autre destination que d'amener des sources parfaitement connues, puisqu'elles fluent actuellement hors du sol ; à l'inverse de galerie de l'Antiquaille qui a été entreprise et poussée jusqu'au point où elle est parvenue, en vue de recueillir des eaux dont on avait besoin et qu'on cherchait à se procurer par le moyen de ces fouilles. Or, si celles que recèle cette localité avaient été peu abondantes, quelques propriétés voisines auraient bien pu perdre alors une partie de ce que l'Antiquaille gagnait. L'analogie est donc loin d'être complète entre la galerie de dérivation projetée et celle dont il vient d'être question ; et si celle de l'Antiquaille n'a pas causé de dommage, cet exemple fournit en faveur de l'autre, une raison *à fortiori*, pour n'avoir pas d'appréhension à son égard.

quaille, quoique celui-ci soit inférieur à celui de
M. Marcel.

Mais un des faits les plus convaincants en pareille
matière, est celui que fournit le percement ou tunel
opéré à la Mulatière, sur un développement de 800
mètres environ, pour le chemin de fer de St-Etienne;
une moitié de cette étendue, celle au nord, se trouve
dans le granit, et l'autre, par suite de l'inflexion de
la roche primordiale, se trouve dans le terrain de
remplissage de l'époque tertiaire dont il a été parlé,
et même dans les éléments les plus ébouleux du terrain de conglomérat. Deux larges puits de service
ont dû être foncés à distance à peu près égale, l'un
de l'ouverture nord, l'autre de l'ouverture sud de la
galerie; par conséquent, après avoir traversé la
couche superficielle de terre végétale, le premier
s'est trouvé dans la roche, le deuxième dans le terrain meuble. D'après le système d'opinion que les
présentes observations combattent, ce dernier puits,
ainsi que la portion de galerie à laquelle il corres-
pondait, auraient dû nuire aux puits voisins autant
et plus encore que les travaux exécutés dans la roche
dure : eh bien, l'inverse est arrivé; on a cité une
source et deux ou trois puits joignant la percée opérée dans le granit, qui ont souffert de ces travaux
(ce qui n'empêche pas un puits appartenant à
M. Viallon, qui n'est qu'à 60 mètres de cette partie
de la galerie, de donner actuellement 7 hectolitres
par heure, près d'un pouce fontainier); mais du côté
de la percée exécutée dans le terrain de conglomérat,
aucun effet ne s'est fait sentir sur les puits à proxi-

mité. Ni celui de M. Maurier, sous la propriété duquel passe la galerie, ni ceux de Mme Garin, dont elle effleure le sous-sol, n'ont éprouvé la moindre diminution. Et cependant là le terrain est le même que celui du plateau de Caluire et de la Croix-Rousse, et encore la galerie du chemin de fer a une capacité intérieure *huit fois* plus considérable que celle de la galerie de dérivation projetée.

Après un exemple semblable, est-il besoin de chercher de nouveaux faits, pour démontrer que des percées verticales ou horizontales ne détournent pas les eaux souterraines, qui en sont voisines, aussi facilement qu'on pourrait le croire? Faut-il rappeler que des galeries ont été creusées dans diverses directions sous la colline de Roye, et que néanmoins il y a des sources de tous les côtés au-dessus et au-dessous de ces galeries? Faut-il apprendre à ceux qui ignorent ce fait, qu'une galerie souterraine a été construite, par les soins des anciens Echevins de Lyon, pour dériver des eaux de source du sous-sol d'une propriété qui confine à la montée de la Boucle, et en alimenter les fontaines de l'Hôtel-de-Ville, entre autres, et que cette galerie n'a pas absorbé les eaux voisines de son parcours, non plus qu'une large galerie située au lieu même que doit occuper celle de la dérivation projetée, ayant comme elle son débouché sous la place du *Commerce*, et se prolongeant fort loin sous la montagne dans la direction de la Croix-Rousse; qu'en outre plusieurs autres galeries de grande dimension existent dans les flancs du promontoire de la Croix-Rousse, de même que dans ceux de la montagne de Fourvière, qui en a été pour ainsi dire criblée, soit sous la période romaine, soit à l'époque où d'immenses couvents s'installèrent sur les collines qui dominent Lyon; ce qui n'empêche pas les puits des quartiers où ont été percées ces galeries de fournir de l'eau à leurs habitants.

Tous ces faits, empruntés à notre contrée, sont concluants; un autre appartenant à une localité éloignée, mais très-récent, peut être mentionné ici, par ce qu'il se rapporte à des travaux d'art qui avaient effrayé la ville de Versailles, et qui ont une grande analogie avec ceux dont la perspective a alarmé la commune de Caluire.

L'exécution du chemin de fer de Paris à Versailles, sur la rive gauche, a rendu nécessaire une tranchée profonde, opérant la section de la couche aquifère où sont foncés les puits de Versailles. La crainte de voir, à la suite de cette opération, la ville privée de ses eaux, avait vivement ému les esprits de ses habitants, et, de plus, avait même causé une certaine hésitation dans la marche de l'entreprise. Mais ceux qui la dirigeaient, sous le rapport des travaux d'art, avaient toutes les connaissances pratiques nécessaires en pareil cas; et parmi eux se trouvait justement l'habile et courageux mineur (1)

(1) Ce sont les expressions dont M. Séguin l'aîné s'est servi en parlant de lui dans son ouvrage (*De l'influence des chemins de fer et de l'art de les tracer et de les conduire*), à propos de l'un des plus difficiles percements, d'entre ceux qu'il a opérés sur plusieurs points du chemin de fer de Lyon à St-Etienne. Voici le passage où il en est

qui doit exécuter la galerie de dérivation projetée :
ils indiquèrent et prirent sous leur responsabilité
les moyens propres à parer au danger qu'on re-
doutait, mais que leur expérience leur faisait juger
bien moindre qu'on ne le supposait généralement.
Après que des expertises officielles eurent constaté la
hauteur d'eau de certains puits à peu de distance, la
tranchée fut opérée sous leur direction; et, quoique
cette excavation considérable mit à découvert la
région aquifère où s'alimentent les puits de Versailles, le résultat de ce travail a été nul ou complètement insignifiant par rapport aux puits, même rapprochés; car les procès-verbaux de constatation de
leur état ont été laissés comme non avenus. Et le
régime de toutes les eaux de Versailles est resté ce
qu'il était auparavant.

A plus forte raison, le régime des eaux de puits
et de source de Caluire restera, après la construction
de l'aqueduc projeté, tel qu'il est en ce moment,
sauf peut-être un très-petit nombre d'exceptions,
portant sur des puits distants de quelques mètres de

question; il sera ici d'autant mieux placé, qu'il va confirmer un des
énoncés qui précèdent.

« Le sable sec et coulant ne se trouve pas d'ordinaire dès l'entrée
« en percement. Mais, lorsqu'on est parvenu dans les quartiers main-
« tenus à l'abri de toute humidité par les bancs de poudingue, le
« moindre intervalle entre les boiseries suffit pour déterminer un
« écoulement de sable analogue à celui qui a lieu dans une clepsydre.
« Cette circonstance s'est présentée au percement de la Mulatière,
« près de Lyon, et en a mis deux fois les travaux en péril. L'entrepre-
« neur auquel il était adjugé, s'étant vu forcé d'y renoncer, fut remplacé
« par un habile mineur, qui conduisit heureusement l'opération à
« terme, avec autant de courage que d'activité et d'intelligence. »

la galerie, dans des maisons isolées, s'il y en a; et encore ces puits ne seront-ils pas absolument hors d'état de fournir de l'eau : pour en obtenir d'eux, il suffira à leurs propriétaires de les faire approfondir d'une dixaine de mètres, ou d'une quinzaine au plus, pour mettre leur fond au niveau de la galerie, après avoir, bien entendu, reçu une équitable indemnité pour cela.

Il est à remarquer que le tracé de la galerie projetée passant par Margnole et Montessuy, territoire de Caluire, se maintient jusqu'à Lyon dans une zône du plateau où il paraît y avoir fort peu d'eau, au moins dans les couches de terrain supérieures au niveau de la galerie ; et que dès lors on ne saurait détourner là des eaux qui n'existent pas. Mais, indépendamment de cette considération, une observation de faits, sur laquelle on ne s'est peut-être pas assez appesanti jusqu'à ce jour, doit faire concevoir l'idée qu'on ne détournerait pas les eaux de cette localité, lors même que le côté oriental du plateau en serait pourvu à l'égal du côté occidental.

En effet, l'eau n'est pas et ne peut pas être à l'état libre dans l'intérieur d'un terrain, tel que celui qui compose le plateau de Caluire et de la Croix-Rousse, terrain formé par des dépôts d'alluvion qui se sont tassés et n'ont point laissé de cavités internes, comme pourrait en présenter un sol à constitution rocheuse, dans lequel de nombreuses fissures ou quelques grandes anfractuosités pourraient laisser passer des filets, ou même des masses d'eau plus ou moins considérables. Rien de semblable ne peut être admis pour les terrains tertiaires, tels que celui du delta de la Bresse. Là, au lieu de courir à l'état libre, l'eau est obligée pour se mouvoir de passer lentement, goutte à goutte, au travers des faibles interstices et des tuyaux capillaires qu'elle trouve dans la masse fortement tassée du terrain de conglomérat.

Si donc l'on réfléchit que l'eau de pluie (origine première de celles des sources et des puits de Caluire et de la Croix-Rousse) tombée sans orage en automne et sous forme de neige en hiver, se répartit d'une manière uniforme sur la surface presque horizontale du delta, et pénètre partout à la fois dans le sol en filets d'une extrême ténuité; si l'on se rappelle qu'à la suite d'observations corroborées par des jaugeages successifs, il a été reconnu que les eaux pluviales qui s'infiltrent ainsi dans le plateau, assez peu large, auquel est adossé le clos de Roye, ne ressortent en sources, à 55 ou 6o mètres seulement, au-dessous du niveau de la surface qui est leur point de départ, qu'au bout d'un an et même plus, on est amené à cette induction ;

Que des eaux enfermées dans ce même plateau, traversant ces mêmes terrains pour aller d'un point à un autre, dans une direction à peu près horizontale, ne sauraient être plus accélérées en leur trajet que celles qui descendent presque verticalement ;

Et que, dès lors, les eaux contenues dans les régions aquifères voisines (à plus forte raison *éloignées*) de celle où s'opérera la percée de la galerie, ne peuvent être susceptibles de venir rapidement de

tous les côtés s'y jeter avec abondance, puisqu'elles
ont une si grande peine et mettent tant de temps à
cheminer dans ces régions souterraines, lors même
qu'elles sont aidées de l'effet naturel de leur pesanteur.

Ainsi, les faits et les raisonnements, tout concourt
à détruire *la crainte de voir tarir les puits et fontaines du plateau et de ses versants*, et à donner sur ce
point une égale sécurité à l'administration supérieure, aux autorités locales, aux propriétaires de
puits ou de sources, à tout le monde enfin.

En résumé,
La commune de Caluire n'éprouvera aucun dommage de l'exécution de l'entreprise de la dérivation
projetée, puisque le régime général de ses eaux
n'est pas susceptible de subir d'altération par le
simple effet des travaux de percement d'une galerie
de 1 m. 85 sur 1 m. 5o, s'exécutant d'ailleurs dans
une zône du plateau fort peu aquifère.

Tout ce qui a été dit pour la commune de Caluire
s'applique à celle de la Croix-Rousse, dont le sol est
de nature identique, et dont le territoire offre de
même cette particularité, que le côté qui se rappro-
che de la colline du Rhône est généralement assez
peu abondant en eaux souterraines.

Après avoir examiné les réclamations ou objections des communes contre le projet de dérivation d'eaux de source, il resterait à s'occuper de celles des particuliers. Mais la plupart de ces dernières se trouvent, au moins en substance, dans les délibérations des conseils municipaux, qui ont donné lieu aux observations qu'on vient de lire. Il n'y a donc pas lieu d'énoncer de nouveau les faits ou les raisonnements qui s'y rapportent, et dont la répétition serait aussi fastidieuse qu'inutile.

Toutefois, il faut constater cette circonstance capitale, savoir : que pas une déclaration, collective ou isolée, n'a attaqué le point le plus essentiel de ceux par lesquels se recommande le projet de distribution d'eaux de source à Lyon, c'est-à-dire personne n'a contesté l'excellence de la qualité des eaux qu'il s'agit de dériver.

Bien plus, trois des réclamants, l'un habitant de la commune de la Croix-Rousse, cours d'Herbouville, les deux autres de Neuville, ont fait implicitement, ou même très-explicitement, l'éloge des propriétés industrielles des eaux de source, qui ne saurait être suspect, venant de leur part. Ce sont : M. Parent, fabricant de couvertures de laine, à Neuville, établi sur le cours de la fontaine Camille; M. Meiller, imprimeur sur étoffe, aussi à Neuville, sur le même ruisseau, vers la source de la fontaine Lavosne, et M. Vidalin, teinturier dans les bâtiments et terrains de l'ancienne propriété Gayet.

M. Parent dit entre autres choses : « Je ne pourrais « jamais me remplacer pour trouver un établisse-

« ment *aussi propice pour la qualité des eaux qui*
« *donnent une douceur et une blancheur à la laine,*
« surtout à la porte de la seconde ville de France;
« ma fabrication sera la première sur les rangs pour
« attendre sa récompense de notre exposition de
« 1844. »

M. Meiller : « .... Je motive mon opposition
« sur ce que placé dans une localité *où les eaux si*
« *favorables à la vivacité du coloris de nos produits*
« sont un élément indispensable à ma fabrication et
« à ma prospérité..... »

Enfin M. Vidalin : « Je m'oppose de toutes mes
« forces à la formation de la galerie projetée, ne
« pouvant qu'être nuisible à mon établissement de
« teinture, situé cours d'Herbouville, ci-devant salle
« Gayet 18, 19, 20. Mon établissement occupe 150
« ouvriers. »

En quoi la formation de la galerie projetée pourrait-elle être nuisible à l'établissement de M. Vidalin?
Ce ne serait pas en le privant de l'eau du Rhône
qui coule et coulera toujours à sa disposition le long
de ses ateliers. M. Vidalin, qui passe pour un homme de sens et pour un industriel distingué, ne s'est
pas déplacé pour venir écrire un non-sens sur le
registre d'enquête. Or, sa déclaration ne veut rien
dire, ou bien elle signifie ceci : « J'ai de l'eau de
source provenant de la colline, dont je tire bon
parti, et je crains que les travaux de percement de
la galerie ne me privent de cet élément favorable
pour certaines manipulations tinctoriales. — Mais
dans ce cas même, pourrait-on dire à M. Vidalin,

vous êtes bien sûr d'en avoir toujours au moins une
quantité égale, qui vous serait dûment restituée, et
bien davantage encore, si vous le désiriez, puisque,
parmi les industriels et surtout les teinturiers, qui-
conque en voudra en aura, et autant qu'il voudra.
— Voilà justement le motif de la répugnance avec
laquelle MM. les teinturiers, en très-petit nombre,
pourvus d'eaux de source, entrevoient la dérivation
de celles qui donnent tant de *douceur* et de *blancheur*
à la laine, suivant M. Parent, qui sont si *favorables*
à la vivacité du coloris, d'après l'expérience de
M. Meiller, et qui rendraient, il faut en convenir,
plus de services à l'industrie en général, au milieu
de 100 a 120 teinturiers en soie et plusieurs centai-
nes d'autres industriels à Lyon, que dans une vallée
où se trouvent seuls MM. Parent et Meiller (lesquels,
soit dit en passant, ont le temps d'y faire une fortune considérable, s'ils sont en voie de la faire, puisqu'il s'écoulera bien des années avant la dérivation
des eaux dont ils se servent, et qu'en tous cas,
comme on l'a vu précédemment, il restera toujours
sur le territoire de Neuville deux ruisseaux d'eaux
de source, semblables aux leurs, et qu'ils pourraient
très-bien utiliser pour lavage et même pour force
motrice.)

Le dire de M. Vidalin paraîtra à beaucoup de
personnes être la confirmation du passage suivant
de la déclaration signée par cinquante chefs d'atelier
de teinture en soie de Lyon, et qui figure parmi les
pièces remises à M. le Préfet, pendant l'enquête.

« Quel service ne rendrait-on pas à l'industrie et

« à la ville de Lyon, en amenant dans son sein et
« en faisant couler abondamment dans nos ateliers,
« moyennant un prix modéré, une eau de source,
« vive, limpide, *invariable dans sa nature et par là*
« *même invariable dans ses effets.* Cela permettrait
« aux teinturiers de donner aux soies, en toutes sai-
« sons, et *malgré toutes les intempéries possibles*,
« cette fraîcheur de nuance et cette égalité de teinte,
« qui contribuent tant à la beauté des étoffes. »

Avant de terminer les présentes observations, on
pourrait relever certaines erreurs de jugement et
certains abus de langage commis par quelques réclamants, par exemple, ces déclamations contre les
spéculateurs, qui sont aussi surannées, aussi dispa-
rates avec la direction actuelle des idées et des choses,
aussi choquantes enfin, que l'étaient à une époque
qui, Dieu merci, n'est plus la nôtre, ces déclamations contre les *accapareurs* avec lesquelles on a
entravé longtemps la liberté du commerce des grains,
dont l'heureux effet est de rendre maintenant le prix
du blé aussi uniforme et aussi bas que possible sur
tous les points de la France (1). Mais cela serait peu

(¹) Sans les spéculateurs, nous n'aurions eu jusqu'à ce jour qu'un
bac-à-traille pour aller du port St-Clair aux Brotteaux, et nous ne
verrions encore que des broussailles là où nous voyons de belles rues
bordées de superbes constructions. Sans les spéculateurs, nous n'aurions pas des omnibus nous fournissant de 5 minutes en 5 minutes
la faculté de nous transporter d'une extrémité de la ville à l'autre, et de
parcourir ainsi commodément 3 à 4 kilomètres, moyennant 25 centi-
mes. Sans les spéculateurs, nous serions encore éclairés, ou plutôt
nous ne le serions pas, le soir, par les réverbères à huile, etc., etc.

important. Ce qui l'est davantage, c'est la remarque
suivante.

L'ouverture de l'enquête prescrite par le Gouvernement sur le projet de dérivation d'eaux de source,
à la suite de la demande en autorisation de travaux
qui lui a été adressée, n'est point un appel fait aux
intérêts privés (comme beaucoup de gens paraissent
l'avoir cru), afin de les tenir en éveil et de les convier
à des formalités utiles pour leur conservation. Ce
n'est pas là le but mesquin, et dans tous les cas
superflu, qu'indique la nouvelle législation sur les
travaux publics. En effet, nul propriétaire de l'une
des localités entre Neuville et Lyon n'a ajouté de la
force à ses droits, en inscrivant quelques lignes sur
le registre, et ceux en plus grand nombre, qui n'y
ont rien écrit n'ont perdu ni compromis aucun des
leurs, en s'abstenant. Plus tard, tous les intéressés
seront mis en position de s'expliquer en temps op-
portun par l'accomplissement de formalités subsé-
quentes, qu'il serait trop long d'énumérer ici.

L'enquête publique ouverte, par voie d'affiches, sur
l'avant-projet d'une entreprise qui ne peut s'exécuter
qu'en vertu d'une loi ou d'une ordonnance royale,
constatant son utilité, est un appel fait par le gouvernement à toutes personnes, sans distinction, au
public enfin, pour venir lui apporter des observations, *en ce qui concerne l'utilité publique de l'entreprise projetée* (voyez les termes de l'avis publié par
M. le Préfet, en date du 28 décembre 1841), afin de le
guider dans les résolutions qu'il a à prendre, soit
pour accorder soit pour refuser l'autorisation de-

mandée. Cet appel fait au public a un sens tellement
général, que si un citoyen de Perpignan, se rendant
à Strasbourg , avait cru avoir une bonne idée à
exprimer pour ou contre l'entreprise de la dérivation
projetée, il aurait été parfaitement admis à la consigner sur le registre ouvert à l'hôtel de la préfecture
du Rhône.

A plus forte raison, les habitants de Lyon étaient
conviés par le Gouvernement à s'expliqner, en ce qui
les concernait, sur l'utilité publique d'une abondante
dérivation d'eaux de source , destinées (suivant les
termes de l'affiche) *à servir aux besoins hygiéniques et
industriels de la population lyonnaise.* Si donc leur
opinion à ce sujet avait été négative, à coup sûr ils
ne se seraient pas fait faute de venir l'exprimer. S'il
existait des doutes plus ou moins fondés sur la qualité
potable de l'eau qui doit être amenée à Lyon , quel
est le père de famille qui ne se fût empressé d'aller
s'inscrire contre ce projet, au nom d'un intérêt sacré?
Si même il y avait le moindre motif de croire qu'elle
pût avoir quelque influence nuisible sur les manipulations de l'industrie , des classes entières de la
population ne se fussent-elles pas levées pour s'opposer
à son introduction? Mais rien de semblable n'a eu
lieu : pas un seul habitant de Lyon n'est venu réclamer, pas un n'a manifesté le plus léger doute sur
la bonté de l'eau , et sur l'utilité de sa distribution ;
et pourtant l'affiche annonçant une enquête de deux
mois de durée avait été portée à la connaissance des
citoyens, non seulement par son apposition sur les
murs, mais encore par sa publication dans les nom-

breux journaux de la ville. Tout le public lyonnais était donc bien averti, et c'est assurément le cas de lui faire application du mot : qui ne dit rien consent.

Or, du moment que des hommes au plus haut degré compétents, des hommes de science et de conscience, ont donné des conclusions motivées, entièrement favorables à l'introduction à Lyon des eaux de source dont la dérivation est projetée, et que la population lyonnaise, mise en position de s'expliquer, y a donné son adhésion, il faudrait des motifs bien graves, tirés de circonstances et de considérations étrangères à la ville de Lyon, pour mettre obstacle à la réalisation de cette entreprise d'utilité publique. Ces motifs existent-ils ? On a pu en juger par les explications détaillées et précises, qui viennent d'être données, non à la manière des avocats plaidant pour le besoin et la défense d'une cause, mais avec une conviction entière sur tous les points, et avec le vif désir de ne rien présenter que de parfaitement exact aux hommes appelés à émettre un avis, ou à prendre une décision, sur l'avant-projet soumis à l'enquête.

Ces explications, dont les détails indispensables exigeaient un certain développement, se trouvent résumées dans les paragraphes qui suivent.

RÉSUMÉ

DES OBSERVATIONS QUI PRÉCÈDENT,

Sur le projet de dérivation, comprenant des sources de Neuville, de Fontaine, de Ronzier et de Roye.

En ce qui concerne les sources coulant sur le territoire de Neuville,

Le Conseil municipal de cette commune a réclamé ; mais son opposition se rapporte à un projet qui aurait pour but de dériver toutes les eaux fluentes de cette commune, même celles qui alimentent les fontaines publiques ; or, la seule dérivation qui soit susceptible de se réaliser prochainement est celle de la source de Lavosne ; celle de la fontaine Camille ne peut qu'être fort éloignée, si elle a lieu ; et celle des deux autres cours d'eau, donnant près de 2000 mètres cubes par 24 heures, n'est pas même en question ; en sorte qu'il restera toujours à la population de Neuville une masse d'eau correspondante à celle d'environ 1000 litres par tête et par jour, et qu'en présence d'une pareille masse d'eau, applicable à toute espèce d'emploi, et garantissant surabondamment aux habitants de la commune *l'eau qui leur est nécessaire*, l'opposition de Neuville n'est point fondée, et ne saurait faire obstacle à la dérivation des sources comprises dans le projet soumis à l'enquête.

12

Relativement au ruisseau du vallon de Fontaine,

Le Conseil municipal de l'importante commune de Fontaine, sur le territoire de laquelle coule ce ruisseau, ainsi que ceux de Ronzier et de Roye, n'a point formé opposition au projet de dérivation, tel qu'il est exposé dans les pièces officielles servant de base à l'enquête ; son silence, qui doit être attribué à la connaissance exacte de ces pièces et qui est parfaitement justifié par les détails qui précèdent, indique suffisamment : que, dans une localité bordée par une rivière comme la Saône, sur un territoire où la multiplicité des sources est telle, qu'il n'y a pas (d'après le témoignage du Conseil municipal de Cailloux) un mètre carré sous lequel on ne puisse trouver de l'eau, les habitants ne seraient point exposés à être privés de *l'eau qui leur est nécessaire* même par la dérivation de la totalité du ruisseau des eaux de source; mais, que si, en dérivant la portion d'eau afférente au service de quelques moulins, dont le pays peut se passer, on laisse couler dans le vallon celle qui correspond à l'irrigation des prés, au moyen de réservoirs de compensation pouvant servir pour le lavage, il ne saurait y avoir aucune objection, ni de la part de Fontaine, ni de la part de Cailloux, contre un état de choses qui ne priverait d'aucun avantage actuel les propriétaires de fonds irrigables, et pourrait donner une commodité de plus aux autres habitants.

Concernant le ruisseau de Ronzier,

Qui n'a près de son cours ni village, ni hameau,
ni même une seule maison, si ce n'est les trois
petits établissements qui ont été mentionnés dans les
pièces soumises à l'enquête, *aucune observation n'a
été inscrite sur le registre,* resté ouvert pendant deux
mois, à Lyon, à l'Hôtel de la Préfecture; en sorte que
dans le département du Rhône, il n'y a pas un seul
réclamant contre la dérivation de ce ruisseau, circonstance remarquable et qu'il importe de noter(1).

Quant aux sources de la colline de Roye,

Il n'y a pas eu, non plus, mais il ne pouvait pas y
avoir de réclamations contre le projet qui consiste
à les conduire à Lyon, puisqu'elles naissent dans
un clos particulier, au sortir duquel elles se perdent
dans la Saône, et que si les propriétaires de ce clos
consentent, moyennant une juste indemnité, à ce
qu'elles coulent désormais dans Lyon, au lieu de
continuer à passer sur leurs appareils hydrauliques,
personne ne peut y trouver à redire, encore moins
s'y opposer.

_____

(1) Au sujet des observations que l'enquête a dû provoquer dans le
département de l'Ain (au chef-lieu duquel toutes les pièces avaient
été déposées en duplicata, et soumises, comme à Lyon, à un contrôle public), voyez le contenu de la lettre ci-après.

De tout ce qui précède,

Il résulte :

Qu'il n'y a rien qui puisse faire obstacle à l'autorisation et à l'exécution de l'entreprise ayant pour objet de dériver, par une galerie souterraine, des sources de Roye, de Ronzier, de Fontaine et de Neuville, pour les faire servir aux divers besoins de la population Lyonnaise, puisque cette œuvre monumentale doit doter Lyon, à perpétuité, d'un élément nouveau et précieux d'alimentation et d'industrie, *sans occasionner nulle part de dommage qui ne puisse être réparé, ou compensé.*

184

A Monsieur le Préfet du département de l'Ain.

Monsieur le Préfet ,

Comme représentant des personnes qui concourront à fonder l'entreprise d'utilité publique, consistant à conduire souterrainement à Lyon des eaux de source du versant occidental du plateau de la Dombe, je dois m'adresser à vous pour ce qui concerne deux communes du département de l'Ain, traversées, sur un faible parcours, par le tracé de la galerie de dérivation.

Ces deux communes, qui ne sont pas intéressées de la même manière aux questions qui se rapportent à l'exécution de l'entreprise projetée, sont Montanay et Sathonay.

Je ne sais pas ce qui aura été allégué par les habitants de la première. Quelquefois des femmes de cette commune viennent laver du linge dans le ruisseau d'écoulement de la fontaine de Lavosne, à 25 ou 30 mètres du point d'émergence de cette source. Mais les propriétaires du fonds où elle surgit ont toujours prétendu que cela avait lieu par simple tolérance de leur part, et sans nul droit de la part de la commune de Montanay. Au surplus, il y a, à 320 mètres de la source de Lavosne, devant le moulin de la Vallière, appartenant à MM. Tramoy, un ruisseau d'eau de source de même nature que celle de Lavosne, qui n'est point compris dans le projet de dérivation, et qui dès-lors coulera toujours à cette même place, en fournissant des moyens de lavage aux personnes de Montanay, comme à celles de Neuville.

Je n'ai pas besoin de dire, Monsieur le Préfet, que le petit désagrément pour les femmes de Montanay, consistant

à faire, quatre ou cinq fois par année, ou même une fois
par mois, un trajet un peu plus long que celui qu'elles
font maintenant (mais seulement d'une différence d'environ
150 mètres, en mesurant le trajet du village de Montanay
aux deux points indiqués) ; ce désagrément, si c'en est un,
ne saurait être présenté comme un obstacle à ce qu'une
agglomération de plus de deux cent mille ames, privée de
bonne eau potable, puisse dériver une source qui lui donnerait seule 15 litres par tête et par jour.

Il est possible que quelque personnes de Montanay redoutent l'exécution de l'entreprise projetée, en ce sens qu'elle
dépeuplerait Neuville et priverait tout à la fois la commune
de Montanay d'un débouché pour quelques-uns des produits
de son sol, et de moyens de mouture pour le blé que consomment ses habitants. Mais il reste certain, malgré les
observations consignées sur le registre d'enquête à Lyon,
ou plutôt à cause de ces observations, qui n'ont infirmé aucun des détails contenus dans les pièces soumises à l'enquête, que tous les moulins de Neuville ne seront pas mis
à bas par l'effet de la dérivation, telle qu'elle est projetée,
et qu'il y restera bien plus de moyens de mouture qu'il n'en
faut pour Neuville, Montanay et lieux circonvoisins. Il n'est
pas moins certain que la crainte du dépeuplement de Neuville est tout-à-fait chimérique, la dérivation de la source
de Lavosne ne devant entraîner, elle seule, la suppression
d'aucun établissement d'industrie.

Quant à la commune de Sathonay, elle a d'autres observations à présenter, qu'elle a sans doute faites, mais que
je ne connais pas, et qui méritent plus d'attention.

Le ruisseau de Ronzier, coulant dans le vallon de Combes, en grande partie sur la commune de Fontaine, a ses
principales sources sur le territoire de Sathonay. Ces sources ne servent pas ordinairement à l'alimentation des habitants. Seulement il arrive quelquefois que dans certaines

années , à la suite de longues périodes de sécheresse , un
certain nombre de citernes , de puits et de mares ne fournissant plus suffisamment d'eau pour les hommes et pour les
bestiaux , on descend du plateau de Sathonay dans le vallon
de Combes , pour remplir des tonneaux avec l'eau que l'on
recueille assez difficilement et péniblement dans le lit du
petit ruisseau de Ronzier. Je dis péniblement et difficilement,
parce que la couche d'eau en écoulement n'ayant que quelques centimètres d'épaisseur , il faut passablement de temps
et de peine pour remplir un tonneau d'environ deux hectolitres ; encore ne réussit-on pas à la recueillir claire.

Eh bien , Monsieur le Préfet , si la commune de Sathonay adhérait à la dérivation du ruisseau de Ronzier aux
conditions suivantes , elle serait , après l'exécution de ce
travail , dans de meilleures conditions qu'à présent.

On recueillerait l'eau avec beaucoup de soin à ses points
d'émergence les plus élevés , au moyen des dispositions les
mieux entendues , on l'amènerait par une rigole souterraine
jusqu'au lieu où le ruisseau passe , à peu près à angle
droit , sur le chemin qui conduit de Sathonay à Caluire
(à 500 mètres à l'orient du moulin Dominjon). Là un petit
monument serait construit aux frais de l'entreprise de la dérivation : dans la partie la plus élevée de cette construction l'eau
tomberait par un déversoir à gueule bée dans un bassin , en
dessous duquel serait un lavoir; de telle sorte que la partie
supérieure fournirait de l'eau parfaitement pure pour alimentation , et celle inférieure de l'eau pour abreuver les bestiaux
ou pour lavage. La quantité afférente à la ville de Lyon serait les *neuf dixièmes* de toute l'eau de source amenée sur le
point désigné , et celle à la commune de Sathonay *un
dixième , lequel devrait dans tous les cas suffire à remplir un
tonneau de deux hectolitres en cinq minutes, au plus.*

Il me semble, Monsieur le Préfet , et j'espère que vous
jugerez comme moi, que dans l'état actuel des choses il faut

bien plus de temps pour recueillir la même quantité d'eau.
J'ai donc lieu de croire que les dispositions que je viens
d'indiquer seraient agréées par la commune de Sathonay. Mais
j'ai pensé qu'elle ne devait en avoir connaissance que par
vous, Monsieur le Préfet, si vous jugez à propos de lui
soumettre les observations qui précèdent, et si, par exemple, vous croyez devoir autoriser son conseil municipal à
en délibérer en dehors de ses sessions ordinaires. Dans ce cas,
Monsieur, je donnerais à ces observations telle forme que
vous croiriez convenable.

Veuillez agréer l'expression des sentiments de considération respectueuse avec lesquels je suis, Monsieur le Préfet,

Votre très-humble serviteur,

Signé : BONAND.

—

*Lettre de M. le Préfet de l'Ain, relative aux expli-
cations qui précèdent.*

MONSIEUR,

J'ai mis sous les yeux de la commission qui s'est assemblée le 14 mars à Bourg, pour donner un avis sur le projet intéressant, dont vous avez soumis les dispositions à l'autorité administrative, les explications supplémentaires que
vous m'avez adressées le 12 du courant.

La délibération de la commission, que je vais transmettre
à mon collègue du Rhône, est entièrement favorable au
projet, toutefois avec des réserves en faveur de la conservation de certains droits utiles pour les communes de Sathonay et de Montanay. Ces réserves sont, d'ailleurs, celles
que vous-même avez indiquées,

Recevez, Monsieur, l'assurance, etc.

Le Préfet de l'Ain,

Signé : R. DE LA RHOELLERIE.

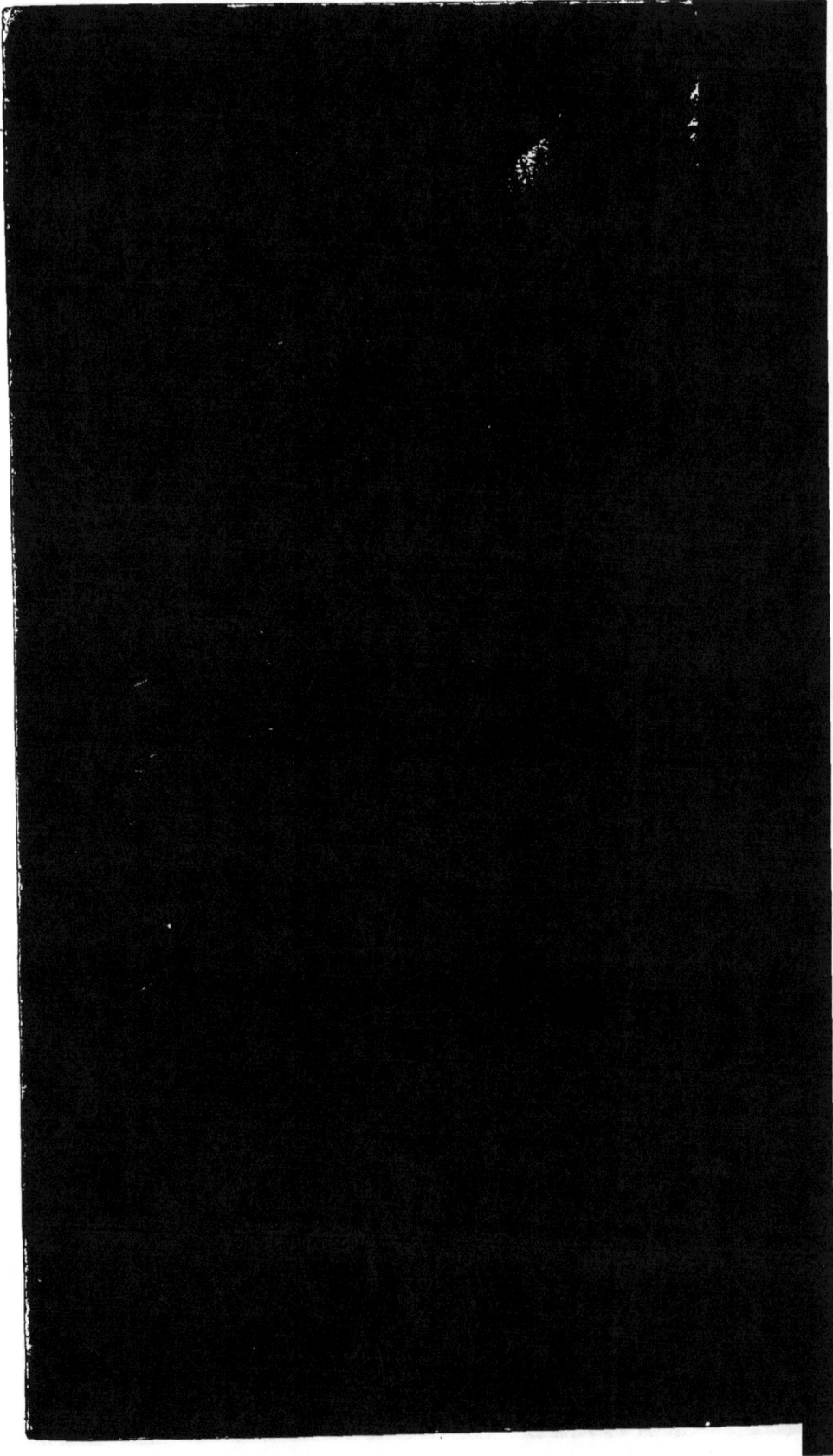

www.ingramcontent.com/pod-product-compliance
Lightning Source LLC
Chambersburg PA
CBHW031326210326
41519CB00048B/3370